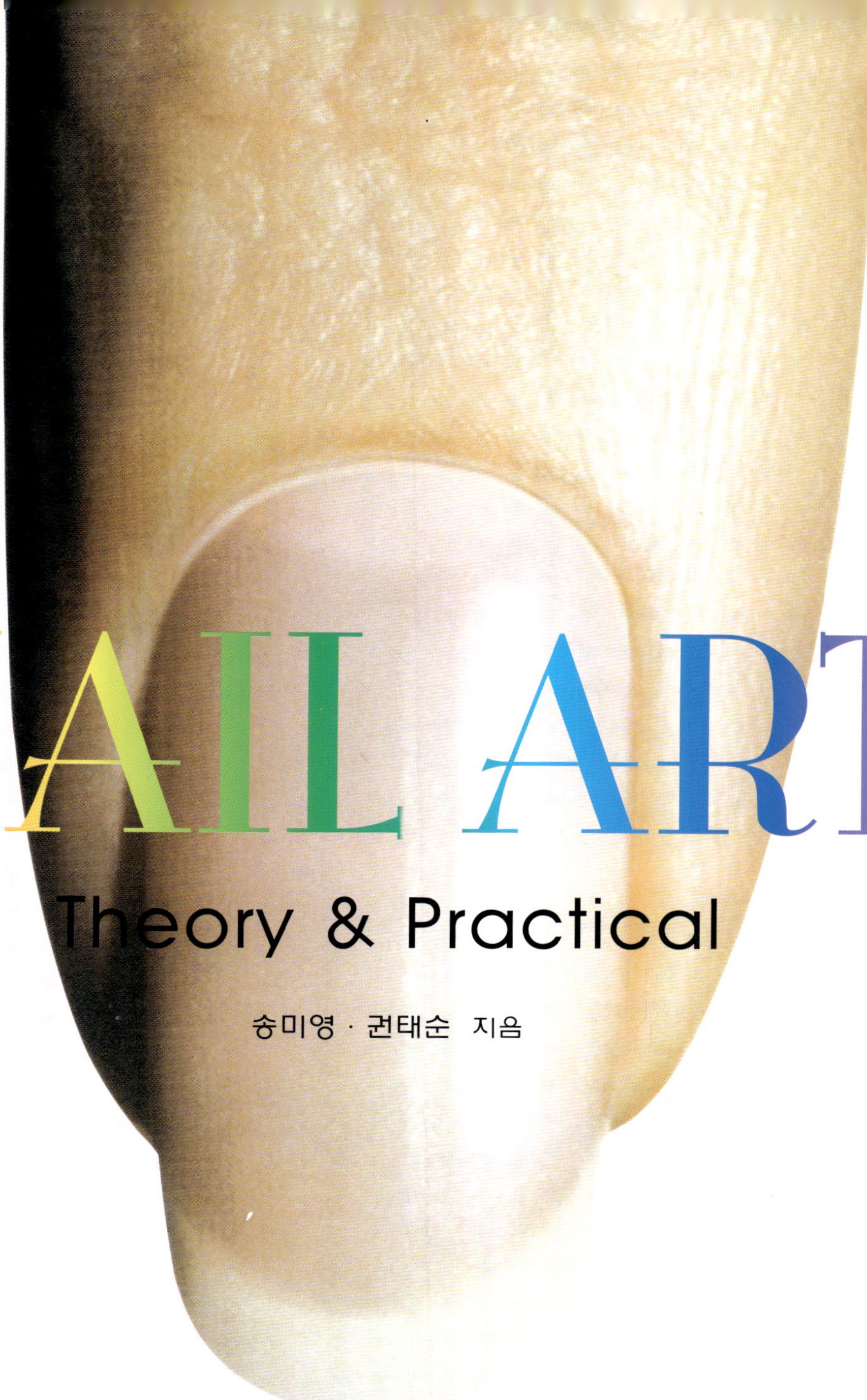

NAIL ART

Theory & Practical

송미영 · 권태순 지음

Chung-Ku Publishing

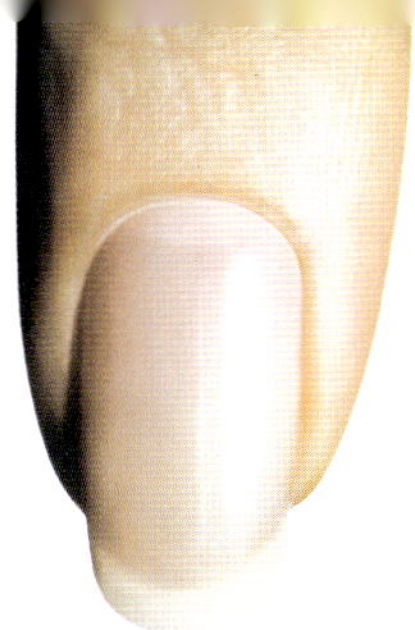

머리말

만약에 당신이 거칠고 지저분한 굳은살과 굴곡이 있는 손톱을 가지고 있다면 핸드백 뒤에 손을 감추고 싶을 것이다. 조개껍질의 안쪽 부분처럼 투명하게 빛나는 손톱, 예쁜 꽃다발과 같은 손톱들은 네일 아티스트만이 할 수 있는 아름다움이다.

프랑스 사람들은 '손과 손톱'이라는 단어조차 '정성 들여서 또는 완벽하고 매우 섬세하게 손질한 것'이라는 의미의 "soigne"이라고 부른다. 바로 이 마지막 섬세한 손질이 여성의 전체적인 외모를 상당히 변화시킨다. 모든 손 그리고 손톱은 자신의 지침이며, 자신의 개인 청사진이다.
선진국에서는 이미 엄청난 호황으로 대중적인 인기를 얻고 있지만 국내에서는 네일바, 네일 샵 등으로 여성들을 위한 전문샵이 증가하고 있는 추세이다. 이러한 발전과 변화에도 불구하고 네일 ㅇ-트를 좀 더 체계적이며 전문적으로 다룬 서적들이 부족한 실정이라는 것은 매우 안타까운 현실이다.

본서에서는 네일아트의 기초이론과 실기에 필요한 도구와 재료 표현기법 등이 구성되어있으며 네일 아트를 공부하고자 하는 학생들이 쉽고 재미있게 이해할 수 있도록 하였다.

이 책이 출간되기까지 관심과 배려에 감사드리며, 밤늦게까지 작업을 도와준 전선미, 강유나 학생과 청구문화사의 이상태 사장님과 직원분께도 감사드립니다.

2008년 3월
저자 일동

CONTENTS

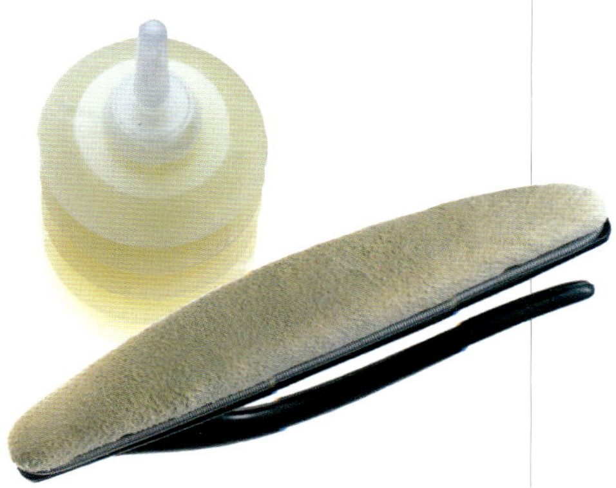

9장 인조 손톱의 응용과 기법

10장 아크릴릭 네일

11장 파라핀 매니큐어

12장 왁싱

13장 네일 아트의 소개

14장 컬러와 스페셜 테크닉

15장 창조적인 네일 디자인

16장 에어브러쉬

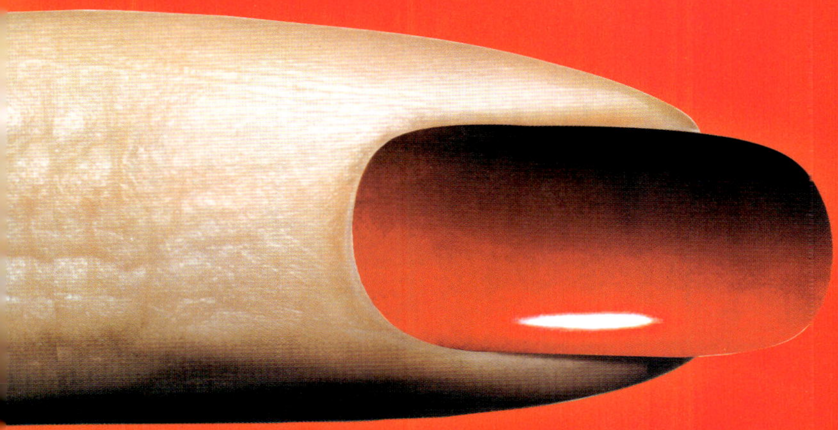

1 ... 개론

1. 손톱의 역사

2. 손톱 패션의 흐름

1장 개론

1. 손톱 화장술의 역사

최초의 네일 케어는 바빌론 B.C 3000년 전으로 거슬러 올라간다. 고대 이집트인들은 매우 손톱을 의식해 왔다. 이집트인의 무덤에서 금으로 된 정교한 매니큐어 도구 set에서 사실이 증명된다. 아름다움과 종교적인 이유로 클레오파트라는 헤나(henna)를 사용해서 그녀의 손톱과 손가락 끝, 그녀 손의 손바닥까지도 물들였다.

중국인은 'Polish'로 알려진 최초의 페인트를 벌꿀과 계란 흰자위와 아라비아에서 나는 고무나무에서 만들어 냈다. B.C 600년 중국의 귀족들은 금색과 은색으로 색을 칠하였으며 15세기에 들어와 중국의 명(明)왕조는 입술연지를 만드는 홍화(紅花)를 손톱에도 발랐는데 이를 조홍이라 하였다.

역사에서의 가장 긴 손톱은 17세기 중국의 상류층으로 거슬러 올라간다. 여자와 남자들도 부를 상징하기 위해 5인치 정도의 긴 손톱을 기르는 것을 좋아했다. 정교한 보석으로 치장된 금이나 대나무 부목으로 깨지고 손상되는 것을 막기 위해 커브되어 있는 손톱을 보호했다.

중세시대에는 전쟁터에 나가는 군사들이 염료를 사용하여 입술과 손톱에 칠하기도 하였고, 인도여성의 경우 네일 매트릭스(nail matrix)에 문신바늘로 물감을 주입시켜 상류층임을 과시하였다.

고대 이집트와 바빌로니아 시민들은 그들의 손톱을 빨간색과 검정색으로 채색해 온 것으로 알려져 있다. 이것은 크레오파트라와 같은 왕족에서부터 남자 군인들에 이르기까지 모든 사람을 포함했다.

중국인들은 폴리쉬를 최초로 만들었고, 금으로 도금한 골무로 아름답고 길게 길이를 연장했다.

매니큐어의 어원은 라틴어의 "손"을 의미하는 manus와 "손질하다"를 의미하는 cura에서 비롯한다.

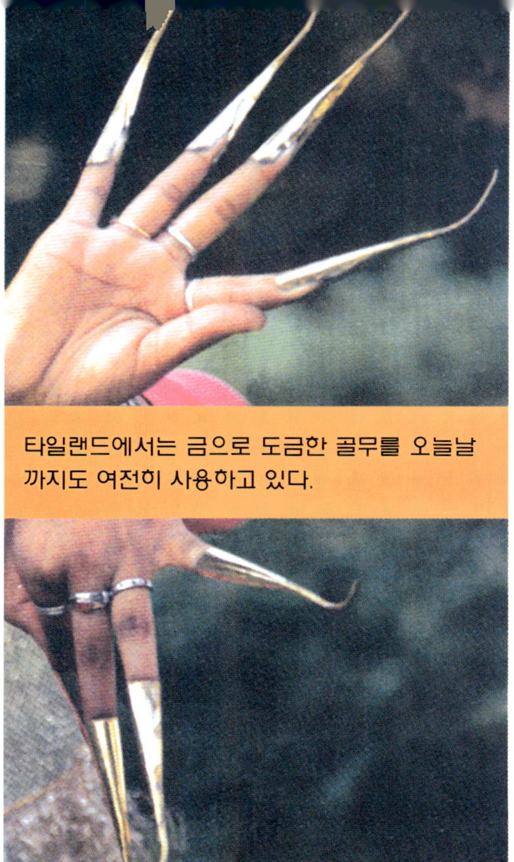

타일랜드에서는 금으로 도금한 골무를 오늘날까지도 여전히 사용하고 있다.

17세기 프랑스의 베르사이유 궁전에서는 오직 한손만 길게 기르는 습성이 있었다. 왜냐하면, 문을 노크하는 대신에 긁을 수 있어서 이다. 노크하는 행동은 세련되지 못한 것이라 여겨져서 궁정에서는 문을 부드럽고 조심스럽게 긁는 것이 에티켓으로 서술되어 있다.

19세기 동안에 유행했던 손톱의 모양은 개암나무 열매 모양으로 불린다. 이것은 좀 더 끝부분이 포인트된 오벌(oval) 모양(shape)이다. 19세기 초기 영국의 상류층 여성들은 그들의 손톱에 섬세한 장미빛 손톱 파우더를 사용하였다. 이 가루 모양의 물질로 손톱을 손질하고 버프를 해서 반짝 반짝 윤이 나게 한다는 것에서 'Polish'라는 손톱의 용어가 유래했다. 리퀴드가 베이스 된 제품들이 1920년대에 비로소 소개되었지만 그 이름은 지속적으로 쓰이고 있다.

고급 창부들과 수녀들의 손은 꾸밈은 없지만 있는 그대로의 잘 가꾸어진 모습을 보여준다.

손과 손톱의 손질은 귀족사회와 부유층을 위해 귀속되었다.

2. 손톱 패션의 흐름

역사를 통틀어 손톱은 패션의 지표와 상징으로서 사용되어왔다. 손톱의 길이나 모양, 색(color)이 세기를 거쳐 어떻게 변해왔는가는 문화의 변화와 가치를 반영하면서 관점이 어떻게 변해왔는지를 말해준다.

세계 대전은 많은 사회 변화를 가져왔다. 여자들의 옷차림과 손질은 물론이고, 손톱 에나멜은 20세기 초 패션의 한 부분이었다. 밝게 채색된 손톱은 빠르게 직장 여성들에게 번져 나갔고, 영향력 있는 패션 디자이너 코코 샤넬도 빨간색 손톱을 매우 사랑했다.

1925년에는 네일 폴리쉬(nail polish)시장이 활발해졌다. 색상은 투명한 자연색이 주조를 이루며 손톱의 중앙에만 바르고 반월(Lunula)과 양쪽 가장자리는 에나멜을 바르지 않았다.

1927년에는 프렌치 매니큐어에 사용되는 흰색 에나멜과 큐티클 크림, 큐티클 리무버가 제조되었다.

1932년에는 레브론(Revlon)사에서 최초로 립스틱과 잘 어울리는 색상의 에나멜을 출시했고, 1935년에는 인조손톱이 등장하였다. 인조손톱은 헐리우드 스타들이 카메라에 글리머한 이미지를 창조하는 것을 가능하게 하였다. Jean Harlow가 하얀색 새틴가운과 금발머리와 함께 그녀의 글래머한 상징인 긴 빨간 손톱은 최상이었다.

1960년에는 "트위기(Twiggy)"의 서리와 같은 립스틱색과 손톱이 런던을 휩쓸고 전 세계 패션에 혁명을 일으켰다. 긴 빨간 손톱은 시대에 뒤떨어져 진부해졌다. 한편 미국의 우드스탁(woodstock) 세대들은 손톱을 짧게 하고 자연스럽게 하였다. 그러나 70년대 초 가수 바브라 스트라잰드의 길이가 긴 베이지 빛의 인조손톱은 그들에게 영향을 주었고, 스퀘어 손톱 모양이 대중적이고 스포티한 모양으로 유행하였다.

1980년대에는 '펑크' 블랙 네일이 유행하였고, 90년대에 들어 가정용 컴퓨터, 네일 살롱의 대중화와 더불어 무한한 가능성의 시대는 21세기로 열려있다.

액상 폴리쉬의 대중화와 더불어 시술의 새로운 테크닉은 곧 뒤따라 왔다.

인기 있는 모델과 함께 유행하는 빨간색 손톱들

60년대의 "고고"와 "버블껌 핑크"

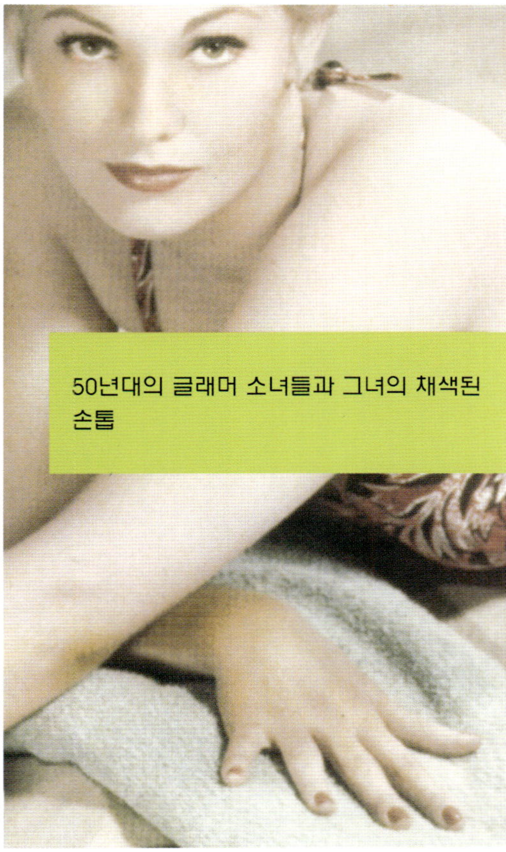

50년대의 글래머 소녀들과 그녀의 채색된 손톱

영국의 황실에서의 손톱은 언제나 잘 손질하고 버프되어 있다.

70년대 디스코 열풍과 반짝이(glitter) 손톱

은은하지만 충분히 손질해서 세련된 손

2 … 위생과 안전

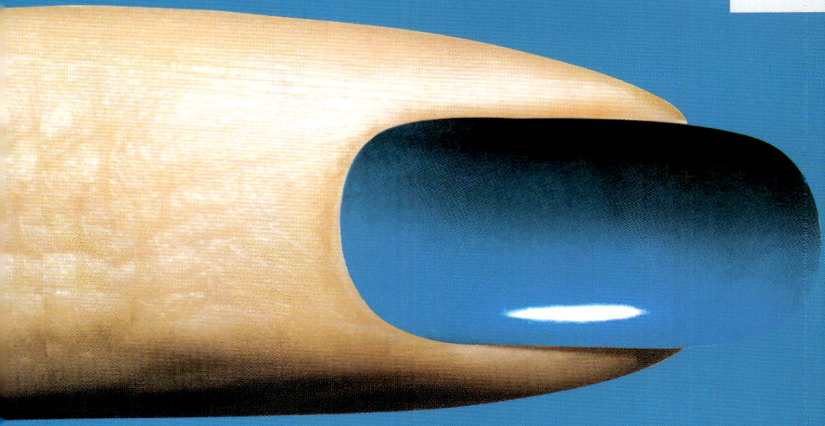

1. 감염과 위생

2. 전문인으로서의 자세

2장 위생과 안전

1. 감염과 위생

네일 아티스트가 서비스를 하는 동안 감염될 수 있는 것은 일상적인 종기부터 손톱을 잃을 수 있는 진균이나 생명을 위협하는 AIDS바이러스까지 무척 다양하다. 그러므로 네일 아티스트는 감염체의 종류와 전파 경로 등을 숙지하고 있어야 함은 물론, 적절한 위생방법과 유효한 예방책으로 여러가지 감염으로부터 고객과 아티스트 자신을 보호할 수 있어야 한다.

1) 감염의 종류

(1) 박테리아

박테리아는 한 개의 세포로 이루어진 미생물로 현미경으로만 식별이 가능하다. 단 1gm의 오물 속에 25억 마리의 박테리아가 서식할 수 있다. 지구상에는 15,000 종류의 박테리아가 있는 것으로 알려져 있으며 거의 모든 것에 존재하고 굉장히 빠른 속도로 번식한다.

또한 물, 공기, 먼지, 썩어가는 물건과 우리 몸의 피부, 몸의 분비물, 옷, 매니큐어 테이블, 작업 소도구, 그리고 손톱 밑 등 어디서나 서식 가능하다.

박테리아는 따뜻하고 어둡고 습기가 있는 곳에서 서식하고 성장하고 번식한다. 이들은 유사분열에 의해 12시간 내에 천6백만개까지 늘어날 수 있다. 박테리아는 성장과 번식에 적절하지 못한 조건이면 아포라고 하는 딱딱한 껍데기를 형성시키게 되며 아포는 열, 소독, 추위 등에 의해 활동을 멈추다가 좋은 조건이 되면 다시 성장하고 번식을 시작하는 것이다.

① 비병원체 박테리아

인체에 해를 끼치지 않으며 오히려 유익한 것도 있다. 약 70%는 비병원체 박테리아로서 물질을 부패하거나 분해시키는데 중요한 역할을 한다. 인간에게는 입안과 장기 내에 가장 많이 있으며 음식물을 분해시켜 소화 작용을 돕게 한다.

② 병원체 박테리아

병원체 박테리아는 미생물 (microbes) 혹은 세균(germs)이라고 불리며 30%만이 병원성 세균이지만 인간의 감염과 질병의 가장 많은 원인이 되고 있다. 이들은 살아있는 식물이나 동물의 조직에 침입하여 서식하고 번식하여 조직 속에서 독소나 유해물질을 발생시켜 질병을 확산 전염시킨다.

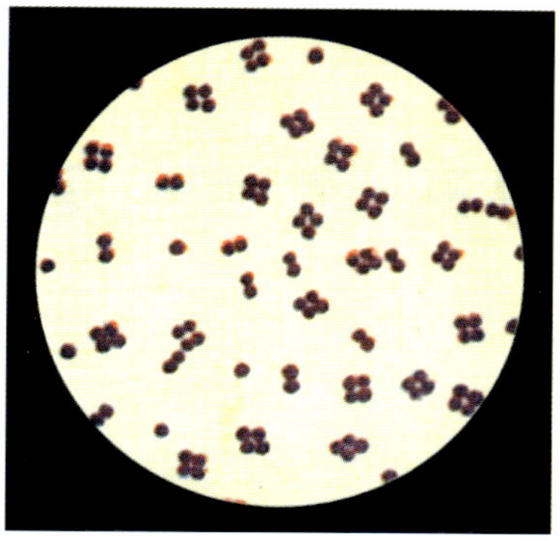

2.1–Cocci

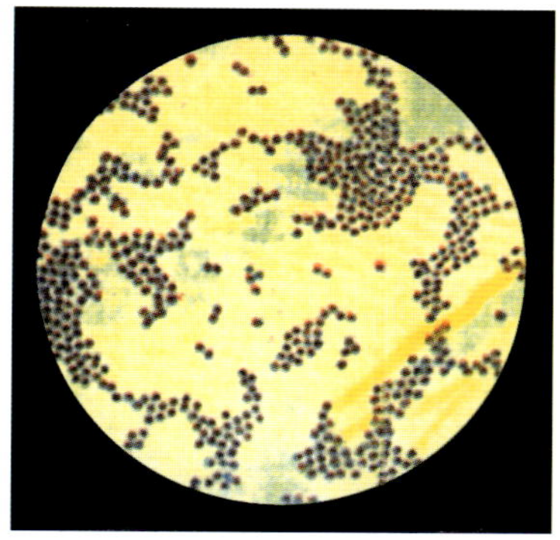

2.2–Staphylocc cci

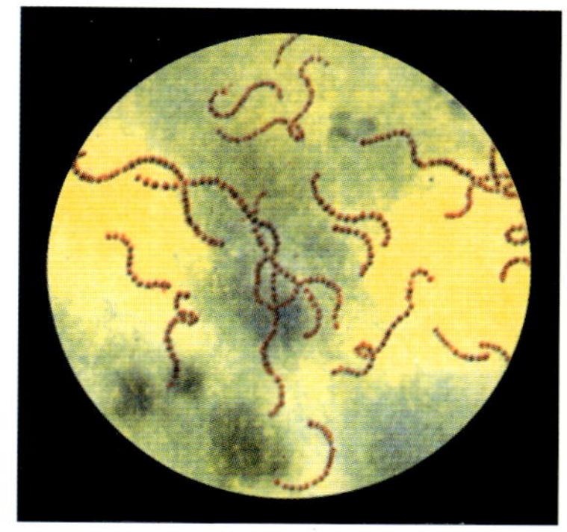

2.3–Streptococci

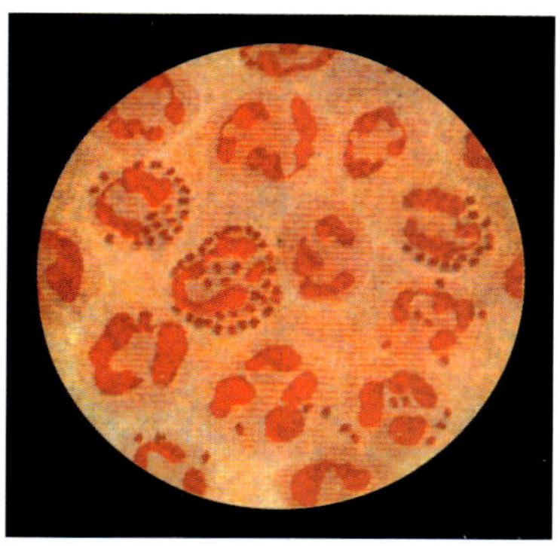

2.4–Diplococci

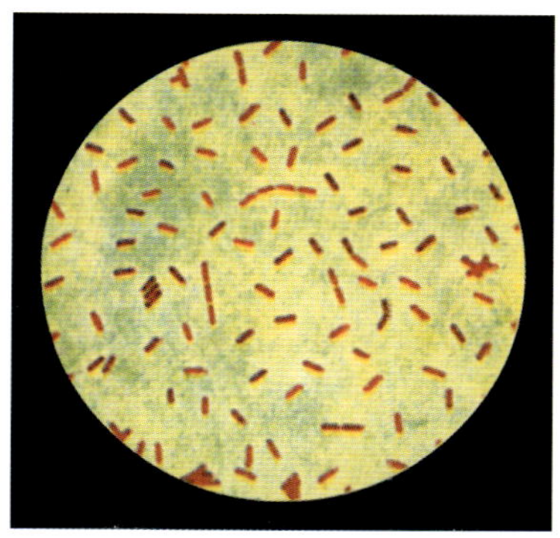

2.5–Bacilli

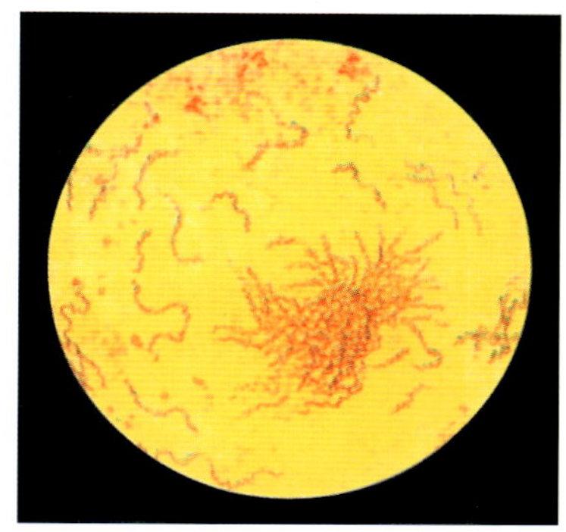

2.6–Spirilla

- 구균(cocci) : 둥근 형태이며 모양이 변형된 포도산그균(staphylococci), 체인모양을 한 연쇄상 구균(staphylococci), 두 대 쌍으로 이루어진 쌍구균(diplococci)로 나누어진다.
- 포도상 구균 : 무리를 지어 서식하며 주로 국수적인 곤-염을 일으킨다.
- 연쇄상 구균 : 체인식으로 서식하며 온몸에 퍼져 폐혈증, 류머티스 등 열을 일으킨다.
- 쌍구균 : 두 대의 쌍으로 서식하며 폐렴 등을 발생시킨 다.
- 간균(bacilli) : 나뭇가지 형태를 하고 있으며 파상풍, 인프렌자, 장티푸스, 폐결핵 및 디프테리아 같은 것을 유발한다.
- 나선균(spirilla) : 나선 형태의 박테리아로 나선수가 적은 트레포에마와 나선수가 많은 스파이로 카타의 두 종류가 있으며 특히 트레포에마는 매독을 유발시킨다.

(2) 바이러스(Virus)

바이러스는 병원체균으로 건강한 세포로 들어가서 완성되고 번식하며 세포를 파괴시키기도 한다. 간장염, 수두, 인플렌자, 홍역, 유행성이하선염, 그리고 감기 등의 원인균이 되기도 한다.

① 후천성 면역결핍증(AIDS)

HIV라는 바이러스에 의해 유발되며 인체에 침입하여 면역 조직을 파괴한다. 이 병은 감염된 상태에서 10년까지 잠복할 수가 있으나 2~10년 사이에 치명적인 상태가 될 수 있을 정도로 완전히 성장하게 된다. AIDS는 살롱에서 위생 처리되지 않은 소도구를 통해서 전염될 수도 있다.

② 진균과 사상균(Fungus & Mold)

진균은 주로 네일에서 변색된 것으로 나타나 큐티클 쪽으로 펴져 나간다. 상태가 심해지면 변색된 부분이 더 심하게 나타난다. 사상균도 진균과 같은 상태로서 위생처리가 되지 않은 자연 손톱이나 팁, 랩, 젤, 혹은 아크릴릭 네일에 습기가 남아있을 때 발생한다. 이런 경우 인조 손톱을 제거시킨 후, 의사에게 가보도록 권해야 한다.

(3) 패러사이트(Parasite)

다세포의 동물성 혹은 식물성 기생균이다. 살아있는 생명체에 기생 생활을 하는 무척추 동물로 유기체의 표면에 기생하는 참 진드기, 이 등의 외부 기생체와 유기체의 몸체 안에 기생하는 연충, 선충류 등의 내부 기생체로 분류하거나, 동물성 패러사이트(옴벌레, 이)와 식물성 패러사이트(버짐)등으로 분류하기도 한다.

(4) 리케차(Rickettsa)

세균보다는 작고 바이러스보다는 큰 조직이다. 발진티푸스나 록키산반점열병을 유발시키며 벼룩, 진드기, 이 등이 리케챠를 가지고 있다.

2) 위생

(1) 위생처리 방법

① 물리적 방법

주로 강한 열이나 방사선을 이용하는 방법이다.

• 자외선 : 대부분의 박테리아들은 자외선에 2~3시간 이상 노출됨으로써 죽거나 약해진다. 살롱에서 도구들을 자외선을 사용하는 전기 방사선에 넣어서 박테리아를 죽일 수 있다.
• 열탕소독 : 100℃ 이상의 끓는 물에 넣거나 기구를 이용한 스팀 방법이 있으나 살롱에서 적절하지 못하다.
• 건열 방법 : 강렬한 열이나 불에 구움으로써 박테리아를 살균한다. 병원에서 많이 사용된다.

② 화화적 방법

소독력이 있는 약제를 사용하여 세균을 죽이는 방법으로 네일살롱에서 주로 사용된다.

• *방부제 : 액체로 되어 있으며 박테리아를 죽이기도 하고 성장을 억제하기도 한다. 고객의 손, 발, 네일에 사용해도 안전하나 도구들을 소독할 정도로 강하지는 못하다.*
 – 옥도정기 : 요오드 60g, 요오드화칼륨 40g에 에틸알코올 100ml를 가한 것으로 이것에 70% 알코올을 같은 양으로 희석하여 상처소독에 쓴다.
 – 알코올 : 70% 용액은 살균제로 사용되고 70~60%로 희석된 경우 손이나 피부 소독에 사용된다.
 – 붕산 : 눈과 눈주위의 소독을 위해 5% 용제가 이용되며 점안기와 함께 이용되기도 한다.
 – 과산화수소 : 3%의 용액을 찰과상에 이용할 수 있다.
 – 클로라젠 : 정제나 파우더 형태의 클로라젠을 1% 용액으로 희석하여 가벼운 감염이나 손 세척에 사용한다.
 – 포르말린 : 20% 용액은 세면대, 테이블 등의 소독에 사용되며, 5% 용액은 손 소독시에 이용할 수 있다.

• *살균제 : 방부제보다는 강하지만 피부에 사용할 수 없고 도구를 위생처리 하는 데만 쓰인다.*
 – 페놀(석탄산수) : 인체 소독에는 거의 사용되지 않는다. 독성이 강하므로 사용시 용액제를 쓰며, 보통 3~5%의 수용액으로 세면대, 바닥, 화장실 등의 소독에 사용된다.
 – 크레졸: 물에 용해되지 않아 비누상태로 사용하는데 2~3%의 용액을 사용하여 손이나 기구 소독에 주로 사용된다.
 – 포르말린 : 40% 수용액으로 20분 동안 도구를 소독한다. 강한 자극성과 함께 취급상의 어려움으로 네일살롱에서는 사용하기 어렵다.
 – 치아염소산나트륨 : 살균제는 표준 5.25% 농도를 가진 조제된 살균용액이다. 파우더 비누로 손을 씻은 후 린스한다.
 – 암모늄 화학물 : 무취, 무미, 얼룩이 없으며 1:1,000용액을 사용한다. 20분 동안 액체에서 도구를 소독한다.

3) 안 전

(1) 재료 안전 자료 표(MSDS)

위험성과 적절한 취급방법 그리고 과다 노출 시의 증상 등에 관하여 제조회사에서 12가지의 기본 지식으로 만든 재료 안전 자료 표(material safety data sheet, MSDS)를 반드시 읽는다.

· 물리적 혹은 화학적 위험성을 나타내는 사용 화학물질의 표시
· 물리적 화학적 특성, 그 제품의 발화점
· 물리적 위험, 다른 화학 물질과 폭발 및 화재의 위험성에 어떤 반응을 일으키는가
· 보건 상 위험, 제품으로 인한 병의 통상적인 증상과 더욱 악화될 수 있는 의료 상태
· 기본적인 인체 내의 침투 경로
· 과대 노출을 방지하기 위한 노출 허용치
· 화학물질의 발암 위험성
· 주의 사항과 취급 방법
· 자신과 고객을 보호하는 방법(환기,보호용 안경, 장갑, 장비, 옷 등의 사용 권유)
· 긴급 및 응급 절차
· MSDS의 자료준비(언제 만들고 개정되었나 등)
· MSDS준비 책임자의 성명, 주소, 전화번호

(2) 네일 아티스트가 주로 사용하는 화학 물질의 위험

· 솔벤트나 프라이머가 눈에 들어가면 아주 심각한 부상을 입게 되므로 특별히 조심한다.
· 파일할 때 발생하는 먼지나 아크릴 제품이나 솔벤트, 프라이머 등에서 발산되는 증기를 호흡하는 것은 건강에 좋지 않다.
· 네일 폴리쉬나 폴리쉬 리무버는 발화 위험이 있다.
· 에칭 프라이머와 MMA를 포함하고 있는 아크릴 리퀴드는 피부를 심하게 부식시킨다.
· 글루, 아크릴 리퀴드, 젤, 그리고 솔벤트는 피부를 마르게 하여 금이 가거나 껍질이 벗겨진다.

(3) 화학 물질로부터 자신과 고객을 보호하는 방법

· 환기된 작업장에서 작업한다.
· 화학 물질이 공중에 스프레이 되지 않도록 한다(스프레이용품 제외).
· 화학 물질이 피부에 닿지 않도록 해야 한다.
· 화일링을 할 때에는 먼지 마스크를 착용하는 것이 좋다.
· 고객에게도 보호안경을 착용할 것을 권하며 자신도 착용한다.

· 되도록 콘택트 렌즈를 착용하지 않도록 한다. 화학적 증기들이 렌즈에 달라붙을 경우 위험할 수도 있다.
· 인화의 위험이 있으므로 담배를 피워서는 안 된다
· 먹기 전에 반드시 손을 깨끗이 씻도록 한다.
· 모든 재료는 폭발이나 인화의 위험이 있으므로 건냉소에 보관한다.
· 공기를 오염시킬 염려가 있으므로 쓰레기통은 자주 버린다.
· 모든 재료의 뚜껑을 닫아서 보관한다.
· 사고에 대비해야 한다.

2. 전문인으로서의 자세

1) 고객에 대한 자세

① 시간 엄수

예약 시간 전에 와서 기다리는 전문인만이 유능하고 고객에게 신뢰감을 주게 된다.

② 준비 완료하기

고객이 도착하기 전에 필요한 물건들과 도구들이 완전히 준비되어 있는가를 확인한다.

③ 하루일과 계획

하루의 스케줄을 메모하여 점검하고 약속을 잊거나 하는 일이 없도록 한다.

④ 예의바른 행동

친절하고 협조적인 행동으로 고객을 맞는다.

⑤ 단정한 용모

네일 아티스트는 세련되고 위생적인 옷차림으로 고객에게 좋은 인상을 주어야 하며, 청결하고 상쾌한 느낌을 줌으로써 고객이 서비스를 받는 동안 거부감을 갖지 않도록 해야 한다. 특히, 네일 아티스트는 무엇보다도 손톱 관리에 신경을 써야 한다. 잘 정돈된 손톱과 건강하게 보이는 큐티클은 고객에 대한 예의이며 전문인의 기본적인 자세이다. 조각나고 가지런하지 못한 네일은 고객에게 신뢰감을 주지 못하기 때문이다.

⑥ 전문인으로서의 자부심과 긍지, 자신감을 가지도록 한다.

2) 상담과 진단

서비스를 하기 전에 고객과 대화하는 시간을 가지고 고객 카드를 작성하도록 한다.
훌륭히 고객을 상담하고 진단 할 수 있다는 것은 전문인으로서의 네일 아티스트와 보통 사람과의 차이점이다.

(1) 진단 절차

. 고객의 피부와 손톱은 건강한가?
. 고객에게 알레르기 있는가?
. 고객의 생활 양식은 어떠한가?
. 고객은 어떤 서비스를 원하고 있는가?
. 고객이 최종적으로 선택한 서비스는 어떤 것인가?

Tip

태도

다음과 같은 태도나 동작은 하지 않도록 주의해야 한다.

· 기둥이나 벽에 기대지 말아야 한다.
· 살롱에서 개인적인 전화를 하는 것은 좋지 않다.
· 고객에게 다른 사람의 험담을 하지 말아야 한다.
· 머리를 자주 만지거나 긁지 말아야 한다.
· 팔짱을 끼거나 손을 뒤로 끼지 말아야 한다.
· 스텝끼리도 일에 관계되지 않는 잡담을 피한다.

말씨

언어사용에도 각별히 신경을 써야 하며, 고객에게 불쾌감을 주지 않도록 주의한다.

· 바람직한 언어 : "어서 오십시오", "고맙습니다", "또 오십시오", "잠시만 기다려 주십시오", "오래 기다리셨습니다", "죄송합니다", "미안합니다" 등의 언어
· 바람직하지 못한 언어 : "저기요", " 짐깐 기다려요","알겠어요", "미안해요", "모르겠는데요", "데려온 사람(함께 오신분), "...누구(어느 분), " 그래요(알겠습니다)"

대화

상황에 따라 고객의 심리상태를 잘 파악해서 고객의 분위기, 감정, 흥미에 맞는 대화를 선택해서 대화를 이끌어야 한다.

· 대화에 어울리는 화제 : 고객의 개인적인 흥미, 취미, 활동, 패션, 문화, 예술, 음악, 교육, 여행, 시사, 휴가 등
· 피해야할 화제 : 자기 자신의 문제, 종교, 험담. 다른 고객어 대한 문제 등

(2) 고객 기록 카드 작성

고객 건강 / 서비스 기록카드

VIP No. ____________________

성 명		생년월일	(음, 양)	결혼여부	미혼, 기혼	기념일
직장명		직장주소	〒			☏
집주소	〒					
집 ☏		휴대폰 ( ) –		우편물 수령장소	집 ( )	직장 ( )

고객의 인적사항
손을 사용하는 취미나 기타 다른것은?
운동활동을 하시는지 하신다면 어떤 운동을?
집안일은 고무장갑을 끼고 하시는지?
자신의 손톱을 관리하는데 1주일에 어느 정도 시간을 할애하는지?
얼마나 자주 네일서비스를 받는지?

고객의 의료기록 (다음의 질병이 있는지요?)					
관절염	예, 아니요	암	예, 아니요	당뇨	예, 아니요
심장질환	예, 아니요	고혈압	예, 아니요	알레르기	예, 아니요

위 질문 중 만일 있으면 어떤 치료를 하고 있는지?
지금까지 치료한 적이 있는지 있다면 언제 하였는지?
우리가 알아야 할 이상 상태나 치료중인 것이 있는지?

기타고객관련사항			
고객이 좋아하는 폴리쉬 색(컬러)은?	①	②	③
고객의 피부타입은?	건성 ( )	중성 ( )	지성 ( )

방문날짜	시술내용	가격	비고

3 ... 손톱

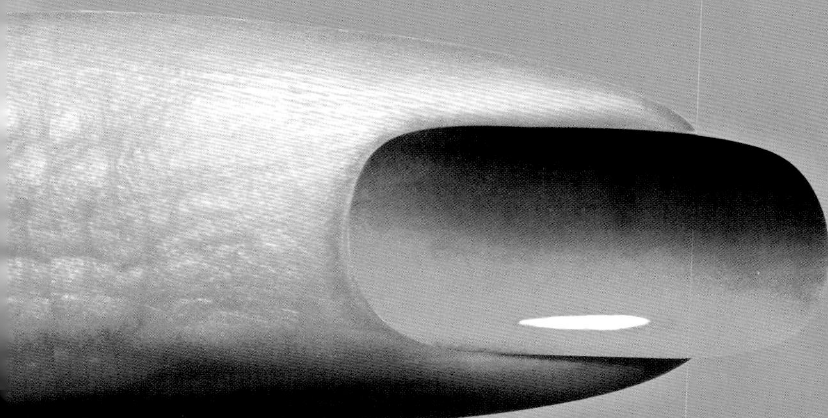

1. 손톱의 구조와 특성

2. 손톱의 비정상 상태

3장 손톱

1. 손톱의 구조와 특성

1) 손톱의 구조

(1) 손톱의 기본

· 네일 루트(nail root) : 손톱이 자라나기 시작하는 곳
· 네일 바디(nail body) : 손톱 자체(네일 플레이트). 네일 베드의 보호작용을 하며, 각질 세포로서 아랫부분은 연약하고 윗부분으로 갈수록 강한 강도를 갖는다.
· 프리엣지(free edge) : 손톱의 끝. 손가락 바깥으로 나와 있는 부분

손톱의 구조

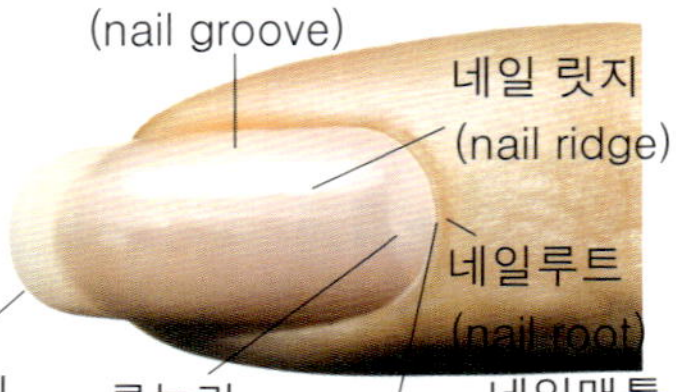

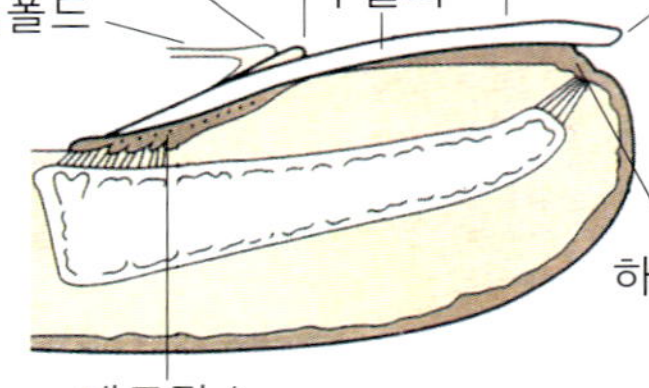

(2) 손톱 밑 구조

· 매트릭스(matrix) : 네일 루트와 함께 손톱이 성장하는 장소로 이 곳을 다치면 손톱이 변형되거나 빠질 수 있다.
· 루눌라(lunula) : 완전히 캐러틴화되지 않은 부분으로 흰색을 띤 반달모양
· 네일 베드(nail bed) : 손톱을 받쳐주는 판으로, 모세혈관과 신경말초가 많이 분포하여 손톱의 신진대사와 수분공급의 역할을 한다.

(3) 손톱 주위의 피부

· 큐티클(cuticle) : 미생물 및 병균침입을 막아주는 곳으로 건강한 큐티클은 수분 및 탄력이 있다
· 네일 폴드, 맨틀(mantel) : 네일 루트가 있는 손톱 베이스에서 깊이 접혀 있는 피부
· 네일 월(nailwall) : 구루브 위에 있는 손톱 양 측면의 피부로 손톱과 네일 루트를 밀착하여 보호한다.

· 네일 그루브(nailgroove) : 네일 월과 손톱 사이의 홈.
· 에포니키움(eponychium) : 손톱베이스에 있는 가는 선의 피부. 네일 월에서 플레이트로 뻗어있다.
· 파로니키움(paronychium) : 전체의 손톱을 둘러싼 피부
· 하이포니키움(hyponychium) : 손톱 아래 살과 연결된 막으로 박테리아의 침입으로부터 손톱을 보호한다

2) 손톱의 특성

(1) 손톱의 역할

· 손끝, 발끝의 보호
· 물건을 잡거나 성상을 구별하는 기능
· 작은 물건을 들어 올리거나 긁을 때 사용
· 방어와 공격의 기능
· 장식적 기능

(2) 손톱의 성장

손톱은 전문 용어로 오닉스(Onyx)라고 하며, 케라틴(keratin)이라고 부르는 단백질로 구성되어 있는 죽은 세포들의 집합체이다. 세포들의 생산이 네일 매트릭스에서 시작될 때 세포들은 보통 손톱으로 인식하는 건조한 물질은 아니며, 세포들이 네일 매트릭스에서 보이는 손톱 부위로 이동함에 따라 케라틴 생산이 증가하며 세포 조직의 유동액이 마른다. 세포들은 시간이 지남에 따라 모두 죽은 상태로 튼튼한 비늘처럼 뭉쳐져서 마지막 손톱으로 완성된다.
손톱은 한 달에 대략 3mm 비율로 자라나며, 하나의 손톱이 새로운 손톱으로 자라나는데 대략 4~6개월 정도 걸린다. 그러나 여러 요인이 손톱 성장의 속도에 영향을 줄 수 있다. 예를 들면 손톱은 초기 임신의 호르몬 불균형(변동)과 월경기간 전 바로 그 시기 동안에 빨리 자란다. 늦은 봄에 성장이 빨라지고, 손톱을 깎거나 타이핑을 친다거나 손톱을 물어뜯거나 하는 행동은 손톱의 성장에 자극을 준다. 이런 이유로 손톱은 오른손잡이면 오른손에서 더욱 빨리 자라며 중지 손톱이 가장 빨리 자라고 엄지 손톱이 가장 늦게 자란다.
그러나 지나치게 억제된 다이어트는 네일베드와 네일머트릭스의 영양이 고갈되어서 손톱의 성장을 느리게 하며 갑작스런 병도 손톱의 성장을 느리게 한다. 성장속도는 회복됨에 따라 원상복귀되며 병의 기록인 손톱을 가로질러 톱니모양을 남긴다. 마지막으로 나이도 손톱성장에 영향을 미친다. 30세 이후에 손톱성장은 느려진다.

(3) 손톱의 구성 요소

앞에서 언급하듯이 손톱 자체는 섬유 단백질(케라틴이라 부르는)의 죽은 세포들의 층으로 이루어져 있다. 케라틴은 혈액 속에서 순환하는 아미노산 중 신체에 적합한 50,000 프로테인 중 하나이다. 피부와 머리카락도 같은 프로테인으로 만들어져 있다.

그러나 피부는 부드러운 케라틴으로 만들어져 있고, 반면에 손톱과 머리카락은 단단한 타입의 케라틴으로 이루어져 있다. 손톱의 단단함은 시스테인(cystein)이라는 아미노산의 유무에서 비롯된다. 그것은 케라틴의 섬유소를 함께 묶어주며 선천적으로 부드러움이나 단단한 손톱을 유전적으로 결정한다. 예를 들어 자연적으로 말굽과 같은 단단한 손톱을 가지거나 종이와 같이 소프트한 손톱을 가질 수 있는 것이다. 유전학적으로 '프로그램 된' 소프트하고 약한 손톱들도 영양을 주고 유지시키면, 자연적으로 강하게 할 수 있다.

단백질 케라틴과 손톱의 단단함 사이의 관계에서 케라틴이 풍부한 핸드크림을 바르는 것이 피부에 보습을 주는 것과 마찬가지로 손톱을 강하게 도와줄 것이라고 생각하지만 이런 제품들은 손톱 속 케라틴의 강도에 아무런 도움이 되지 않는다.

케라틴은 네일 세포 안에서 생산되므로 네일 표면에 핸드크림을 바르는 것은 헛된 노력이다. 케라틴의 층 사이에는 지방과 물의 분자들로 샌드위치 되어 있어서, 손톱에 유연성과 광택을 주며 손톱 건강에 필요한 것이다. 만약 체중 감량을 위해 지방의 섭취를 너무 줄이거나 섭취를 안하면 결국에는 무딘 손톱과 깨지기 쉬운 손톱을 만들 것이다.

손톱을 구성하는 시스테인 외 물질로는 칼슘, 적건(phosphorus), 크롬, 셀레늄, 아연 등 미네랄을 포함하며 미네랄은 아주 극소량이 존재한다.

(4) 건강한 손톱의 요건

. 바닥에 강하게 부착되어 있어야 한다.
. 단단하고 탄력이 있어야 한다.
. 매끄럽고 윤기 있어야 한다.
. 분홍빛을 띄고 둥근 아치가 형성되어 있어야 한다.
. 유연함을 위해 손톱의 수분량이 12~18%를 보유하고 있어야 한다.
. 세균 등에 침범되어 있지 않아야 한다.

2. 손톱의 비정상 상태

손톱에 상처를 입었거나 질병, 몸의 불균형 등으로 인하여 발생된 상태를 말한다. 네일 아티스트는 손톱의 비정상 증상을 알아, 손톱에 이상이 있음을 알리고 의사에게 갈 것을 권하거나, 미용적 방법으로 아름답게 교정할 것인가를 자신 있게 결정할 수 있어야 한다.

이를 위한 아티스트의 철칙(golden rule)은 피부의 부위가 붉고 쓰라린 염증 상태나 고름의 징조가 보이는 감염 상태의 고객에게는 절대로 서비스를 해서는 안되며 의사의 진료를 받을 것을 권해야 한다는 것이다.

1) 서비스할 수 있는 이상 상태 손톱과 치료법

문제점	원인	치료법
멍든 손톱 (bruised nail)	· 네일 베드에 어떤 손상을 받았을때	· 손톱에 무리가 가지 않도록 조심해서 다룬다. · 치료 도중에 빠질 수 있으므로 인조 네일 서비스는 바람직하지 않다.
계란 껍질 손톱 (eggshell nail)	· 부적절한 식습관 · 내과적 질병 · 신경계통의 이상	· 손톱 건강에 필요한 모든 영양소를 섭취한다. · 항상 손톱 보호용 장갑을 착용함으로써 보호한다. · 부드러운 버퍼로 조심스러벡 화일한다.
손가락 끝이 갈라지는 것 (cracked fingerips)	· 비누, 합성세제 또는 화학제로 인한 건조 · 모이스처라이저 사용 부족	· 집안 일을 할 때 고무장갑을 사용해서 손을 보호한다. · 모이스처라이저를 아침부터 하루종일 사용한다. 뜨러운 물을 접했을때 모이스처라이저의 사용은 매우 중요하다. · 손가락 끝의 피부는 매우 적은 피지선을 포함하므로 특별한 보호를 필요로 한다. · 바셀린이나 립밤종류를 손가락 끝에 약간의 양을 바르고 문지른다.

문제점	원인	치료법
손톱의 변색 (discolored nails)	· 네일폴리쉬의 사용 · 손톱의 타격과 같은 상처 · 일반 치료나 구강 치료 시 곰팡이균의 감염 · 심장상태 · 나쁜 혈액순환 · 담배 피우는 것 · 태양광선에 오랫동안 노출되거나 노화에 의한 것	· 유효기간이 지난 폴리쉬의 사용을 피한다. · 외상에 의한 변색이나 다른 표시는 자라나면서 스스로 없어지도록 한다. · 의사와 사용하고 있는 약품을 의논한다. · 손톱에 곰팡이균의 감염은 즉시 의사에게 보이고 의학적 처방이 필요하다. · 정상적인 혈액순환을 개선시키기 위해 규칙적인 운동을 한다, 이것은 네일 베드를 핑크빛과 건강해 보이는 손톱으로 개선시킨다. · 담배를 끊도록 하며 담배 피는 것은 손가락끝의 순환을 감소시키며 창백한 손톱베드와 건강하지 못한 손톱을 만든다. · 하얗고 깨끗한 손톱을 만들기 위해서 부드러운 과산화수소 표백을 사용해보자. · 손톱을 항상 태양광성에 노출되지 않도록 보호한다.
광택이 없어지며 오그라들며 떨어져 나가는 손톱 (onychatrophia)	· 손톱 매트릭스의 손상 · 내과적 질병	· 에머리보드의 부드러운 부분으로 매우 조심스럽게 시술한다. · 철제푸셔와 강한 세제를 사용하지 않는다. · 내과질환이 치료된 상태라면 손톱은 다시 자란다.
과잉성장으로 두꺼운 손톱 (onychauxis)	· 내과적질환 · 감염이나 유전	· 부드럽게 파일하고 부석가루로 문지른다.
손거스러미 (hang nails)	· 단순한 무관심 · 비누, 합성세제, 화학제에 의한 건조 · 큐티클 부위를 잡아 떼거나 물어뜯는 버릇	· 기본적인 손과 손톱의 지침을 따른다. · 집안 일을 할 때 고무장갑을 착용한다. · 부드럽게 손가시를 잘라내고 항생연고를 바른다. 건조하고 죽은 큐티클 부위가 찢어지는 것을 막기 위해서 매일 아침, 저녁으로 큐티클 부위를 오일로 마사지 한다. · 물어뜯는 버릇을 고치도록 한다.
오니코크립토시스 (onychocryptosis)	· 부적절한 화일	· 손톱 가장자리를 잘 다듬어 네일 그루브의 압박을 덜어준다. · 감염이 우려되면 의사와 상담한다.

문제점	원인	치료법
단단하고 과잉 성장한 큐티클 (pterygium)	· 단순한 무관심 · 질이 떨어지는 네일 케어 제품은 피부를 손상시키고 건조하게 한다.	· 기본적인 손과 손톱의 지침을 따른다. · 살구씨 오일이나 라놀린 연고를 큐티클 부위를 아침 저녁으로 사용한다. · 큐티클스무더로 2주에 한번 큐티클이 부드러워질 때까지 사용한 다음 일주일에 한번 트리트먼트를 사용한다. · 큐티클 니퍼로 일주일에 한번 단단하고 건조된 피부를 제거한다.
염증이 있고 감연된 손톱 주변의 피부 (inflamed, infected skin around the nails)	· 행네일 감염 또는 큐티클 부위의 과잉손질 · 박테리아 또는 곰팡이균의 근원이 될 수 있다. · 비누나 합성세제 또는 화학제에 과잉노출 될시	· 안티셉틱을 사용하여 감염을 줄인다. · 만약에 감염되어 있다면 피부과 의사에게 보낸다. · 언제나 부드럽고 절도있게 큐티클을 푸시백(push back)하고 손질해야 한다. · 집안일을 할 때 고무장갑을 착용한다.
오니코화지 (onychophagy)	· 손톱을 심하게 물어뜯는 것	· 인조 손톱 서비스 · 자주 매니큐어하도록 한다.
손톱이 갈라지거나 부서지는 손톱 오니코렉시스 (onychorr-hexix)	· 손톱의 부상 · 큐티클솔벤트, 폴리쉬 리무버의과다사용 · 부주의 · 거친 화일링	· 건조시키는 비누의 사용을 금한다. · 부드럽게 파일한다. · 폴리쉬 리무버의 사용을 금한다.
느린 성장을 하는 손톱 (slow nail growth)	· 어떤 의학 처방 · 나쁜 식습관	· 병이 회복되면 정상적으로 손톱 성장이 계속될 것이다. · 담당 의사의 의학처방 영향에 대해 상의하라. · 네일 건강에 필요한 모든 영양를 제공하는 음식을 포함하는 식단을 짠다.
루코니키아 (leuconychia)	· 손톱의 외상이나 매트리스에 과격한 충격을 받았을 때 · 과도한 매니큐어링(날카로운 도구에 의한)	· 하얀 점은 외상에 의한 것이며 걱정할 것은 없다. · 자연적으로 자라서 없어지도록 한다. · 큐티클을 과도하게 밀어 올리지 말고, 손질을 부드럽고 섬세하게 한다. · 날카로운 도구로 큐티클 밑부분을 찌르지 않도록 하며, 그것은 새로운 손톱 세포가 자라나는 부위에 상처를 불 수 있고 하얀점의 원인이 된다.

문제점	원인	치료법
고랑진 손톱 (furrow)	· 유전성 · 나쁜 식습관(아연 부족) · 빈혈증 · 순환기계통의 질환 · 과도한 매니큐어링	· 유전적인 것은 변화시킬 수 없지만 릿지 필러를 사용하거나 조심스럽게 버프 하면 손톱 표면을 부드럽게 할 수 있다. · 손톱의 건강에 필요한 식단을 확실히 한다. · 만약에 처음으로 도랑이 생기기 시작하다면 빈혈의 시작이며 의사와 상담한다. · 큐티클을 밀어 올리거나 손질 할 때는 절제와 섬세함이 필요하다. 과격하게 밀어올리는 것은 네일 표면에 가로로 도랑이나 융기 또는 톱니모양을 만든다.
분리되고 벗겨지는 손톱 (splitting, peeling nails)	· 유전성 · 알레르기 또는 폴리쉬 리무버 과용 · 나쁜 식습관 · 손을 물에 자주 담그는 것 · 건조하게 하는 비누나 화학제, 합성세제의 노출 · 부적절한 손톱 파일링 도구 또는 테크닉	· 유전적인 것은 바꿀 수 없지만 손톱을 보호하고 매일 밤 손톱 영양제로 영양을 줄 수 있다. · 가능한다면 폴리쉬와 리무버의 사용을 피하고 만약에 폴리쉬를 사용하다면 일주일에 한번 이상 지우지 않는다. 폴리쉬 리무버는 손톱의 자연적인 보습을 빼앗고, 분리 되고 벗겨지게 한다. · 손톱건강에 필요한 모든 영양소를 섭취한다. · 집안일 할 때 고무장갑으로 보호한다. · 손톱을 부드럽게 파일한다.
약하고 망가지기 쉬운 손톱 (weak, fragile nails)	· 유전성 · 나쁜 식습관 · 건조하게 하는 비누, 합성세제 화학제 사용 · 손톱을 험하게 사용할 때 · 긴 손톱의 길이	· 유전적인 것은 바꿀 수 없지만 손톱을 손톱보호제로 보호하고 매일 밤 손톱영양제로 영양을 준다. 이것은 손톱에 보습을 주며 유연하고 덜 깨지는 손톱으로 만든다. · 손톱 건강에 필요한 식단을 확실히 한다. · 손톱을 존중하도록 한다. 손톱으로 긁거나 험한 행동을 피한다. · 손톱이 손가락 끝 길이 보다 더 길지 않도록 하며 견고함을 위해 스퀘어로 다듬는다. · 손톱이 자연적으로 약하다면, 긴 손톱 길이는 비현실적이다.
모바점(nevus)	· 손톱에서 일어나는 색소 작용	· 밤색이나 검은색의 얼룩은 폴리쉬나 인조 손톱으로 감춘다.

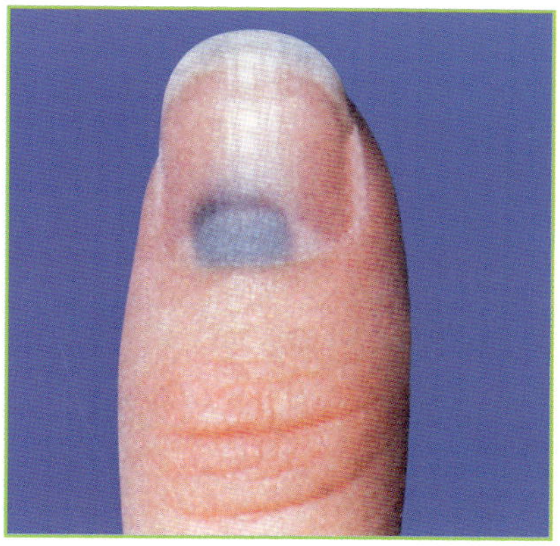

멍든손톱(Bruised nail)

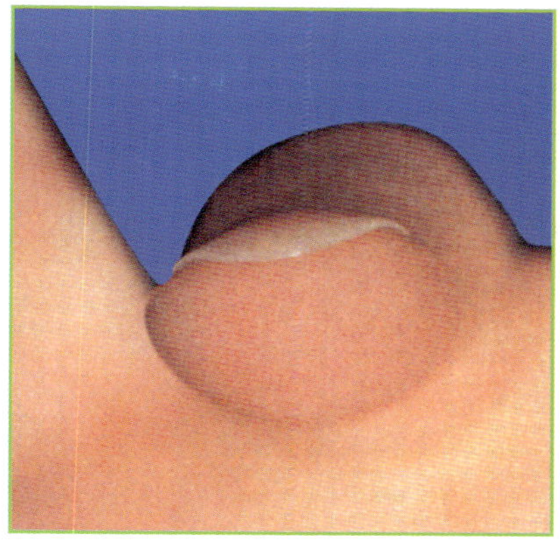

계란껍질 손톱(Eggshell nail)

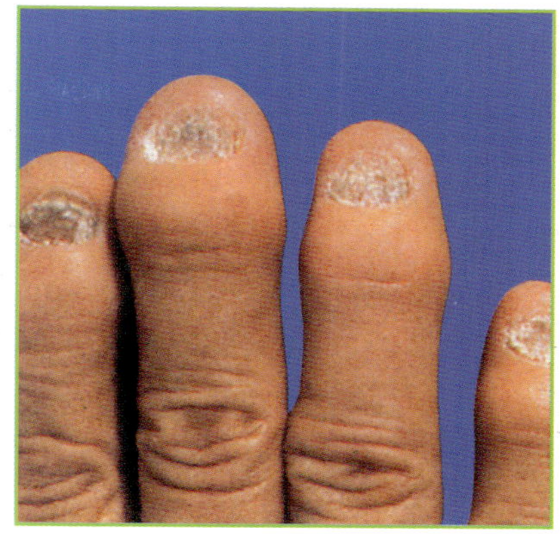

오니케트로피아(Onychaatyopia)

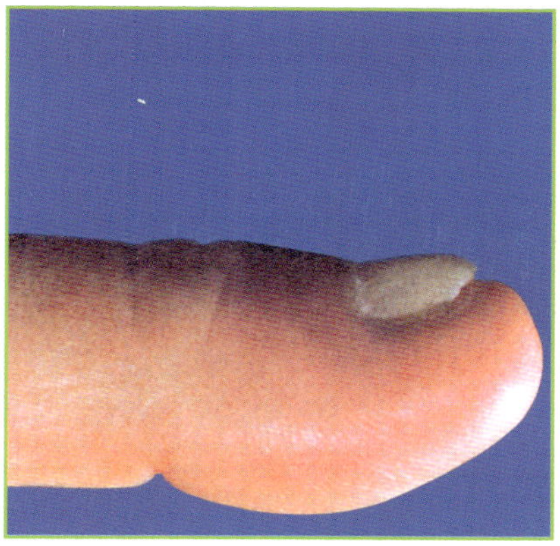

오니콕시스(Onychauxis)

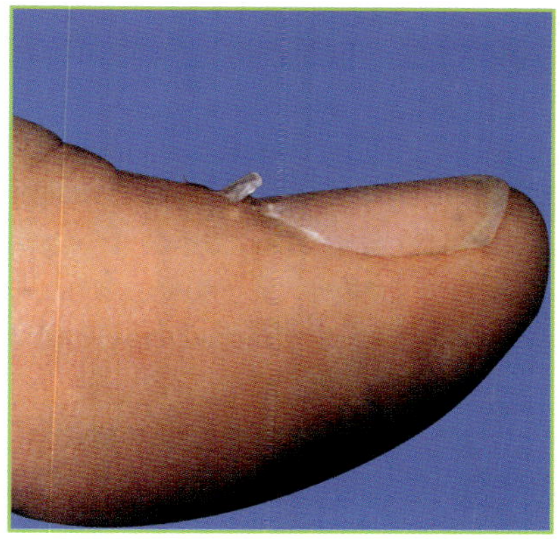

행네일(Agnail)

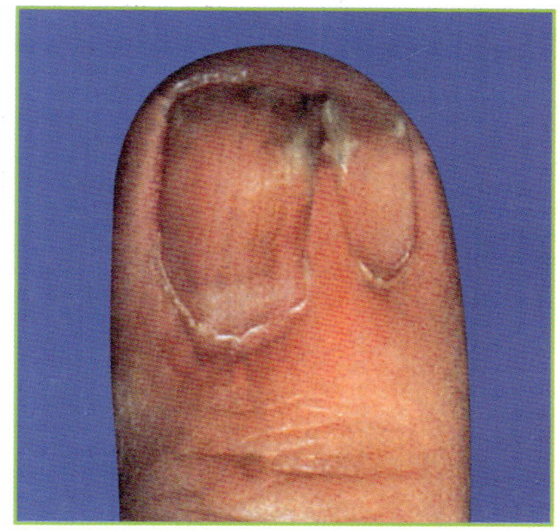

테리지움(Pterygium)

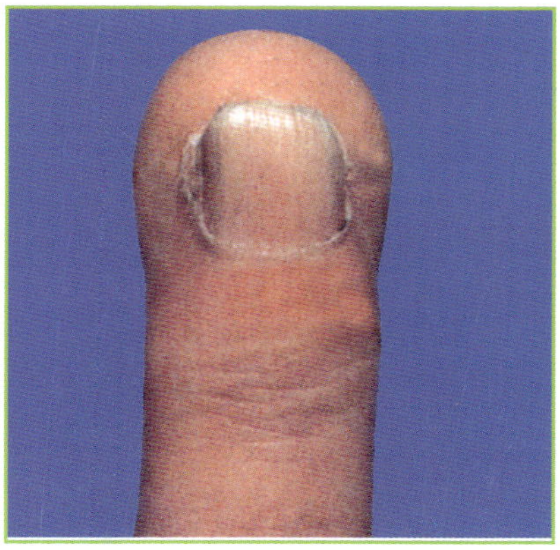

오니코크립토시스(Onychocrypyosis)

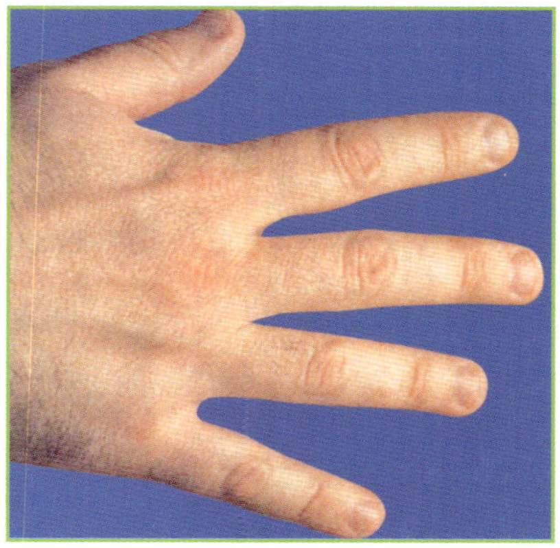

오니코화지(Onychophagy)

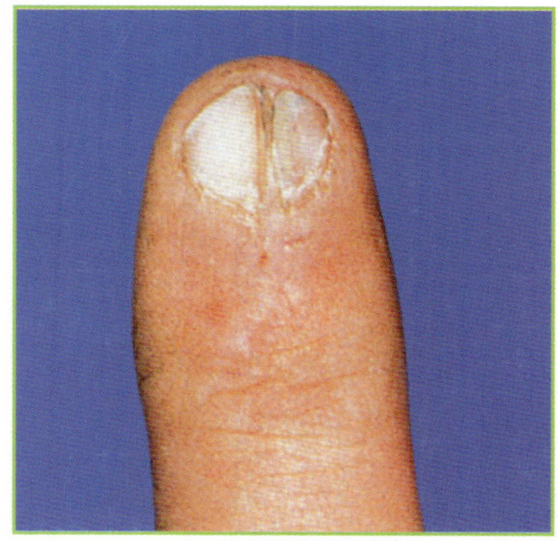

오니코렉시스(Onychorrhexis)

고랑진 손톱(Furrow)

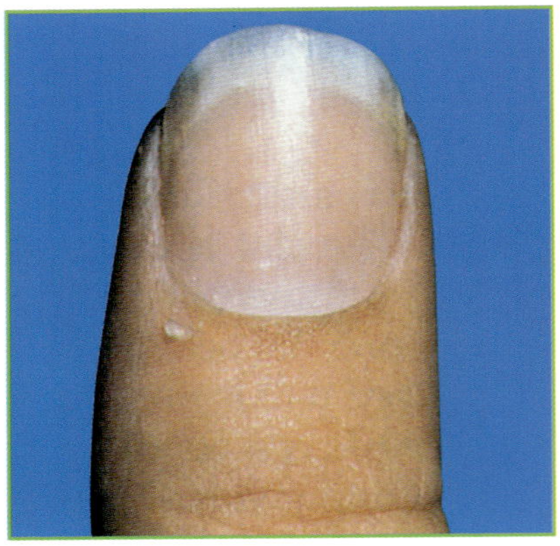

루코니키아(Lekonychia)

2) 서비스할 수 없는 이상 상태의 손톱

이상손톱	원인	증상
몰드(mold)	· 손톱의 프리엣지와 인조 손톱 사이에 습기가 스며들어 생기는 일종의 진균 염증	· 처음에는 황록색으로 시작하여 흙색이 되었다가 검은색으로 변한다.
오니키아 (onychia)	· 소도구들을 위생 처리하지 않았을 때	· 손톱 밑의 살이 붉어져 고름이 형성된다.
오티콥토시스 (onychoptosis)	· 매독이나, 고열 또는 약물 반응이나 외상	· 손톱의 일부분, 혹은 전체가 주기적으로 손가락에서 떨어져 나가는 상태
오니코크라이포시스 (onychogryphosis)	· 이 이상 상태는 원인 불명	· 손톱의 만곡이 확장되고 커지는 현상
오니코마이코시스 (onychomycosis)	· 진균 감염	· 희미한 팻치가 생기거나 황색의 긴 줄무늬가 생기기도 한다. 이 병은 프리엣지로 침투하여 뿌리로 퍼져나가면 감염된 부분은 떨져 나가고 손톱베드가 드러난다.
오니코리시스 (onycholysis)	· 내과적 질환이나 외상, 감염 혹은 약물 치료	· 프리엣지에서 시작하여 루눌라까지 번지며 손톱이 떨어져 나가지는 않는다.
파로니키아 (paronychia)	· 손톱 주위의 박테리아 감염 · 위생처리하지 않은 도구 사용	· 빨개지고 부어오르며 살이 물어진다. 만성 파로니키아는 오랫동안 계속해서 나타나며 손톱 자체를 손상시킨다.
파이로제닉그래뉴로마 (pyrogenic granulomer)	· 손톱 주위의 박테리아 감염 · 위생처리하지 않은 도구 사용	· 심한 염증 상태로 네일베드에서 플레이트로 붉은 살이 자라나온다.

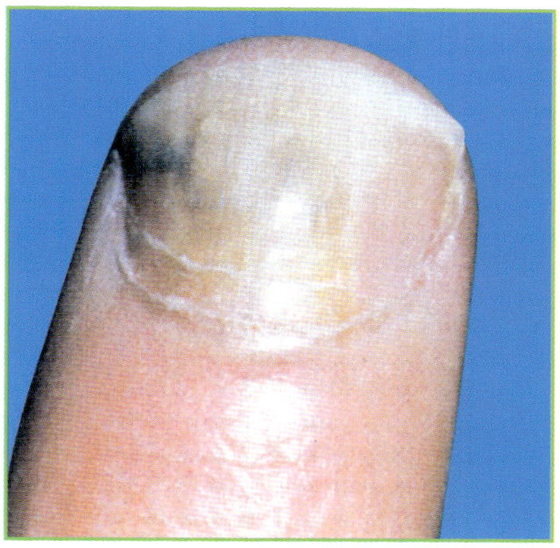

몰드(Mold)

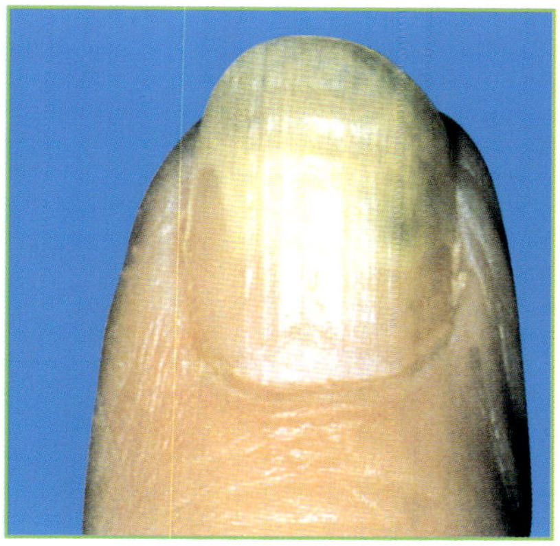

오니키아(Onychia)

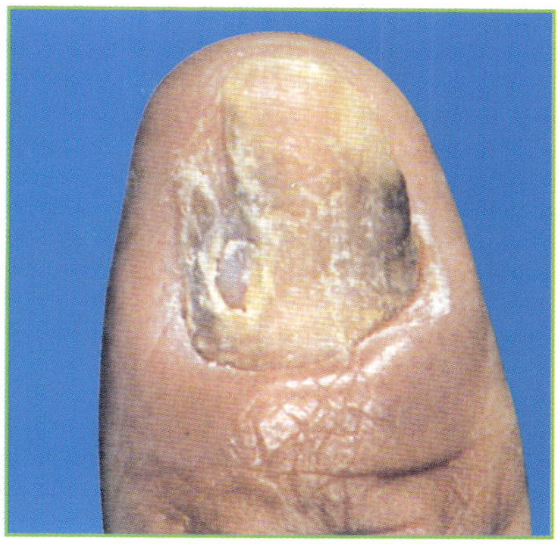

오니코마이코시스(Onychomycosis)

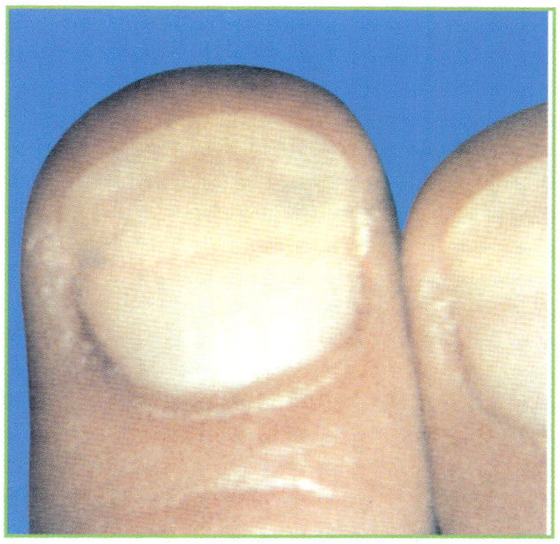

오니코크립토시스(Onychocryptosis)

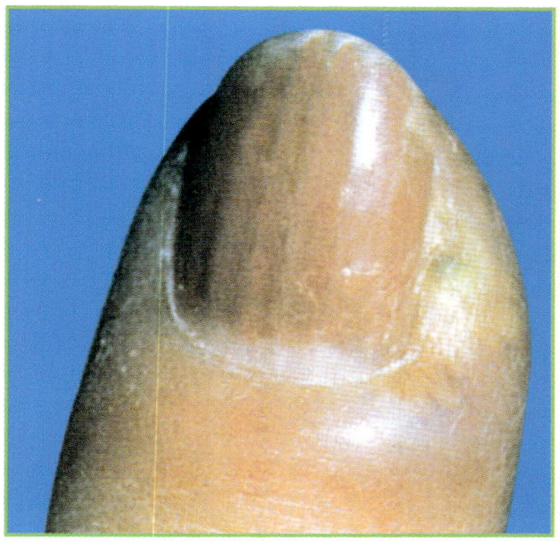

파로니키아(Paronychia)

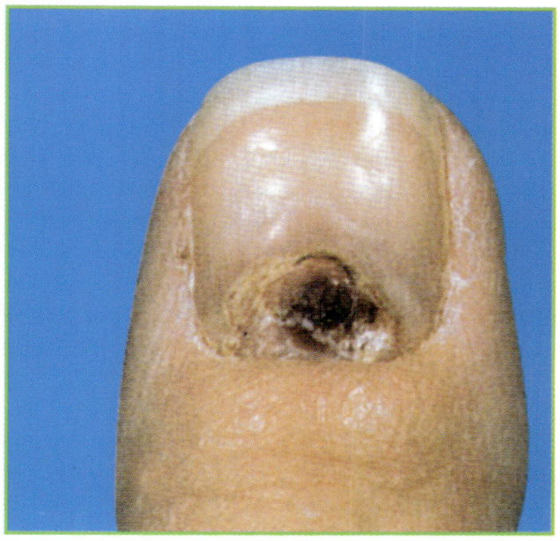

파이로제닉그래뉴로마
(Pyogenic granuloma)

3) 손톱 곰팡이의 감염과 확산을 방지하는 방법

· 인조 손톱과 자연 손톱 플레이트 사이에 곰팡이 살균제를 바른다.

· 자연 손톱과 인조 손톱사이에 공기가 들어가지 않도톡 확실히 한다.
특별히 아크릴릭에서 공기는 습기를 차게 하고 곰팡이를 유발시키므로 주의를 기울인다.

· 체육관, 공중 수영장의 젖은 지역에서는 샌들을 신는다.

· 발가락 사이와 큐티클 주변을 박테리아를 유발시키는 세균을 줄이기 위해서 안티 셉틱으로 닦아 낸다.

· 언제나 모든 도구들과 기구들은 사용하기 전에 반드시 소독한다.

4... 네일케어의 기본

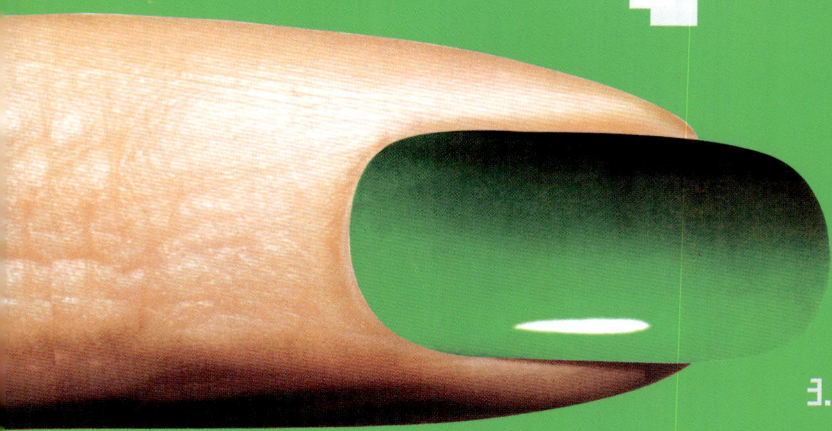

1. 적절한 영양
2. 마사지 요법
3. 손과 발을 위한 뷰티 마스크
4. 가장 흔한 손과 손톱의 문제점을 개선하는 법

4장 네일케어의 기본

오늘날 외모가 아름다운 것은 기분을 무척 유쾌하게 만든다. 잘 짜여진 식단, 육체적인 단련, 깔끔한 스킨 케어 습관들, 전체적인 건강함은 외모를 어떻게 보이는 가에 필수 불가결한 역할을 한다. 우리가 행복하고 건강하고, 평온할 때 피부는 맑고 깨끗하며, 머리카락은 윤이 나고, 외모는 최상을 유지한다. 피부와 머리카락, 건강한 손과 손톱도 마찬가지로 그 범위에서 출발한다.

1. 적절한 영양

건강하게 보이는 손과 손톱은 적절한 영양의 직접적인 결과이다. 피부와 손톱은 비타민, 미네랄, 단백질 결핍이 나타날 수 있는 첫 번째 장소이다. 영양 결핍이 생기면 심하게 피부가 건조해지고 손톱은 약하고 깨지거나 찢어지는 것이다. 이런 증상들은 비타민 A, B, C, E 또는 칼슘, 철, 인, 알맞은 수분공급으로 개선될 수 있다.

1) 단백질의 역할

강하고, 건강한 손과 손톱을 만들기 위해서는 단백질의 섭취가 필요하다. 단백질은 새로운 손톱을 만드는 성분을 제공한다. 고단백질을 섭취하는 것은 일반적으로 단백질 결핍으로 생기는 손톱 위에 하얀 줄을 거의 방지한다. 단백질을 가지고 있는 좋은 음식은 고기, 생선, 달걀, 닭고기, 콩 등을 포함한다.

2) 건강한 피부와 손을 위한 필수적인 비타민

비타민 A, E 는 손톱과 피부를 건강하게 만든다.
비타민 A는 두 가지 형태로 본다. 베타 카로틴이 가장 잘 알려진 형태이고, 아주 밝은 컬러의 과일들과 노랗고, 오렌지 빛의 녹황색 채소에서 보인다.(당근, 브로콜리, 살구, 망고, 체리, 멜론 등) 인체에서 카로틴을 비타민 A로 전환시켜서 손을 부드럽고 소프트 하게 만드는 것을 돕는다. 두번째 비타민 A는 동물성 성분, 생선의 간유에 많다.
비타민 E는 노화를 방지하고 재생을 도와준다. 비타민 E의 좋은 재료는 곡물의 배아, 잎이 있는 채소, 콩과 식물, 식물성 오일 등이다.

B복합 그룹의 바이오틴은 건강하고 강한 손톱을 만든다. 이것은 조리된 달걀 노른자, 바닷물고기, 고기, 우유, 콩, 곡물, 이스트, 바이오틴 등에 포함되어 있고 얇고 약한 손톱을 강하게 만든다.
비타민 C는 항 산화제로 알려져 있고 피부의 노화를 줄일 수 있다. 시트러스(감귤류)의 과일들, 토마토, 딸기, 감자, 피망, 양배추에 많은 비타민 C는 또한 면역력을 높여서 염증이나 감염에 덜 민감하도록 해준다. 덧붙여서 비타민 C에 의해 결합된 조직이 피부의 주름을 방지한다. 더욱 더 비타민 C는 조직의 재생에도 도움을 준다.
칼슘과 아연은 손톱의 성장에 필요하다. 칼슘은 우유, 치즈, 요구르트, 그리고 짙은 녹색 채소에서 발견된다. 아연의 결핍은 '스푼형 손톱'(손톱이 위쪽으로 구부러지는)과 손톱에 세로줄을 만든다. 아연은 달걀, 물고기, 간, 고기, 가금류, 전체적인 곡물류(풍부한 빵과 시리얼 등)에 많다.
비타민과 미네랄은 건강한 생활에 기본적인 것이며, 자연적인 식품에서 얻어지는 것이 바람직하다.

3) 수 분

피부가 건조하고 손톱이 잘 부러진다면 신체에 충분한 물을 공급하지 못한 결과이다. 인체는 70%의 물로 구성되어 있다. 물은 신체에 영양분을 이동시키는 주된 역할을 하며, 모든 신체의 기능에 필요하다. 피부와 손톱에 적절히 영양을 공급하기 위해서는 하루에 적어도 8잔의 물을 마시는 것이 필수적이다. 그렇지 않으면 수분 결핍의 위험에 빠질 수도 있다.

2. 마사지 요법

마사지는 순환계통을 자극하고 혈행과 신진대사를 증가시키고, 독소 제거와 혈압을 감소시키고, 근육통과 피로를 풀어준다. 마사지는 정신적, 육체적으로 둘 다 기분을 좋게 해주는 활력소이다.

1) 팔 마사지 법

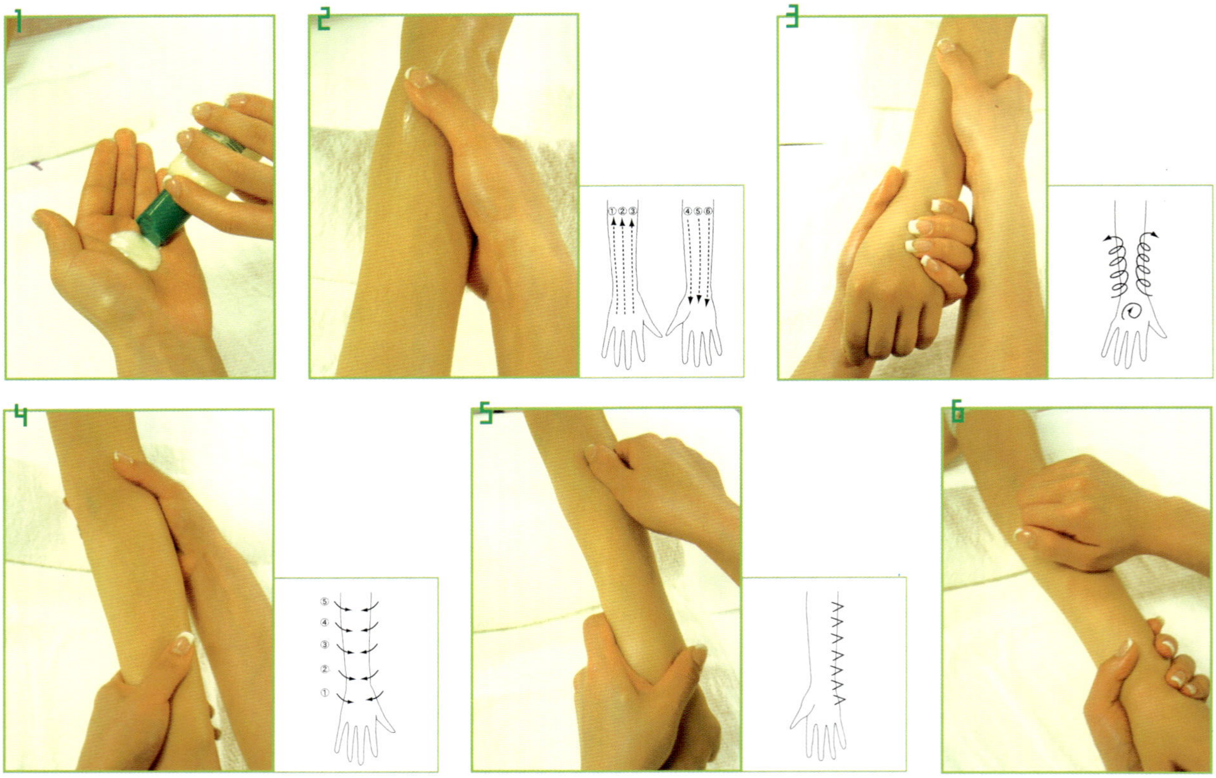

Step 1. 비타민 A, C, E가 풍부한 마사지 오일(또는 로션)로 시작한다.

Step 2. 오일(또는 로션)을 팔의 뒤쪽 부분 위를 문지름으로 시작한다. 전체 팔에 순회하는 동작으로 심장 방향으로 문지르도록 한다.

Step 3. 손목에서 팔꿈치까지 엄지로 원을 그리며 올라갔다가 힘을 주어 미끄러지듯이 내려 온다.

Step 4. 두 손으로 팔의 아래 위를 잡고 팔을 서로 반대 방향으로 비튼다.

Step 5. 손목부터 팔꿈치까지 두 손으로 번갈아 살짝 잡았다 늦추는 동작으로 자극을 준다.

Step 6. 손목부터 팔꿈치까지 가볍게 두드린다.

2) 손 마사지 법

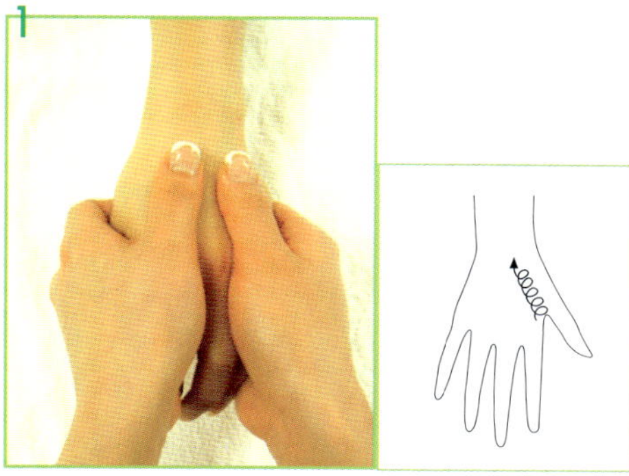

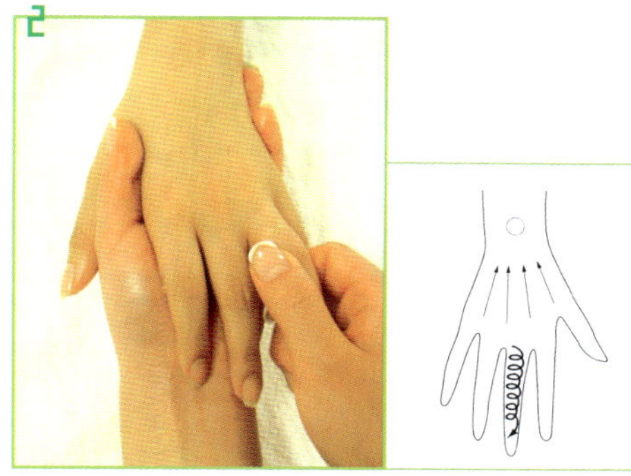

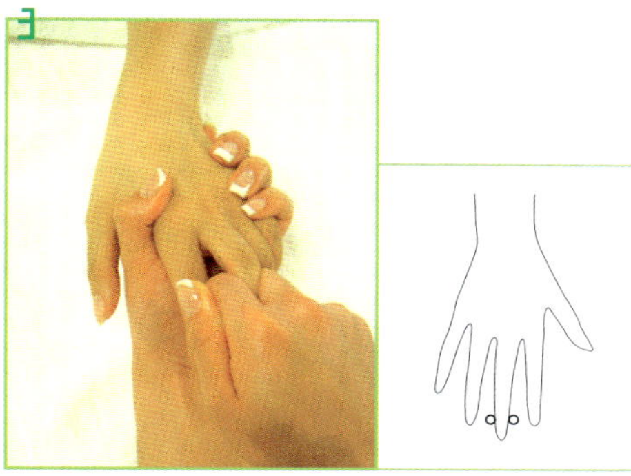

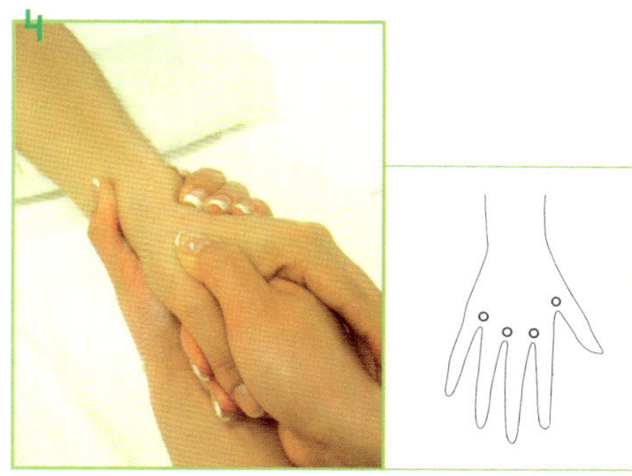

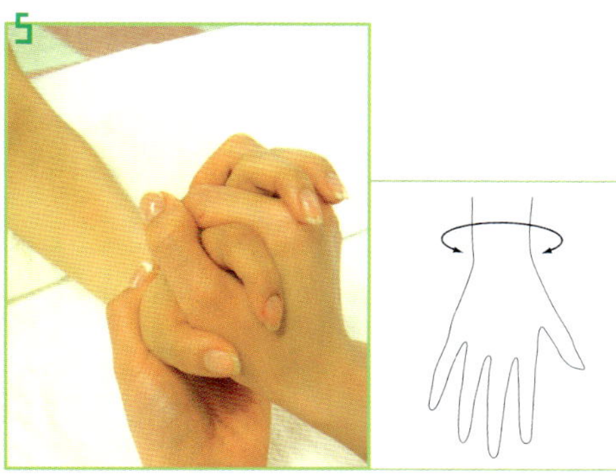

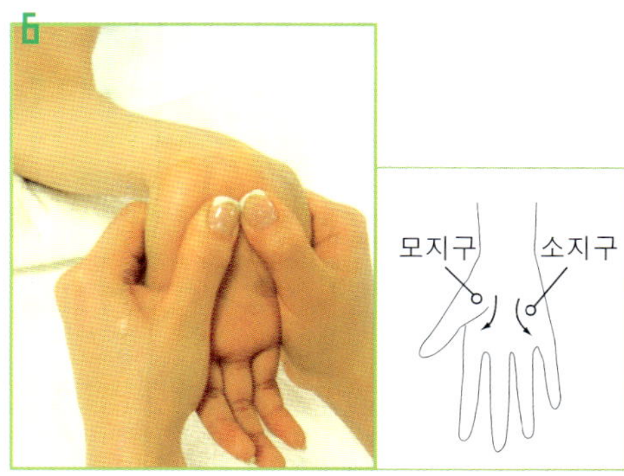

Step 1. 엄지가 손등으로 오고 네 손가락이 손바닥으로 향하게 한다. 엄지로 손등 뼈 사이사이를 원을 그리며 마사지 한다.

Step 2. 왼손으로 손을 잡고 오른손을 이용하여 각 손가락을 마사지한다. 손가락 하나 하나에 엄지로 원을 그리며 올라가서 힘을 주어 미끄러지듯이 내려온다.

Step 3. 각각의 손가락을 집게손가락과 중지로 내려가면서 조인다. 그러나, 손가락은 소리내며 빼는 것은 피한다.

Step 4. 손등의 손가락 사이를 손목 쪽으로 세게 자극을 준다.

Step 5. 손바닥을 양쪽 새끼손가락에 끼우고 엄지 손가락으로 반원을 그리면서 마사지한다. 시작했던 방법으로 마무리한다.

3) 발 마사지 법

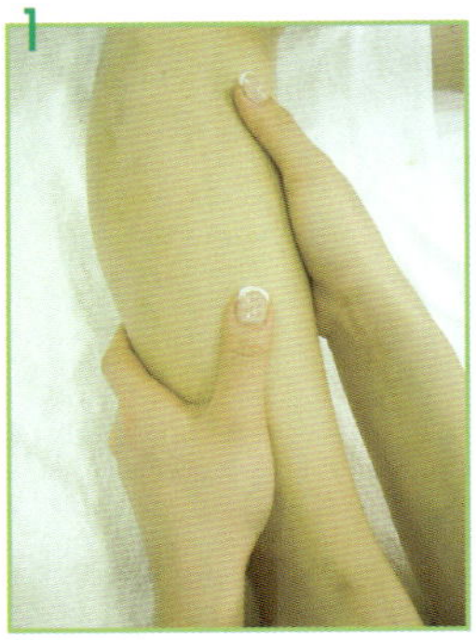

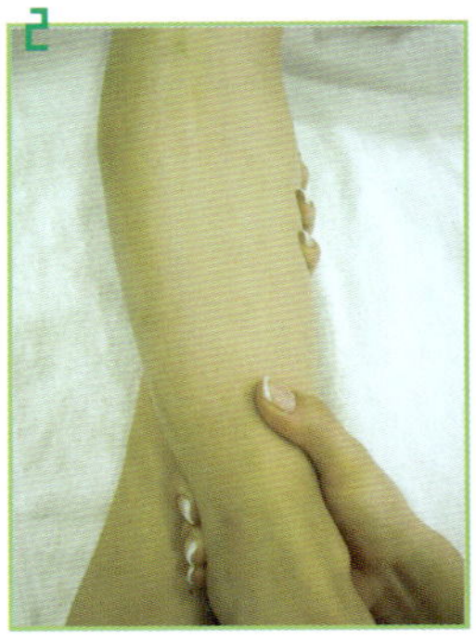

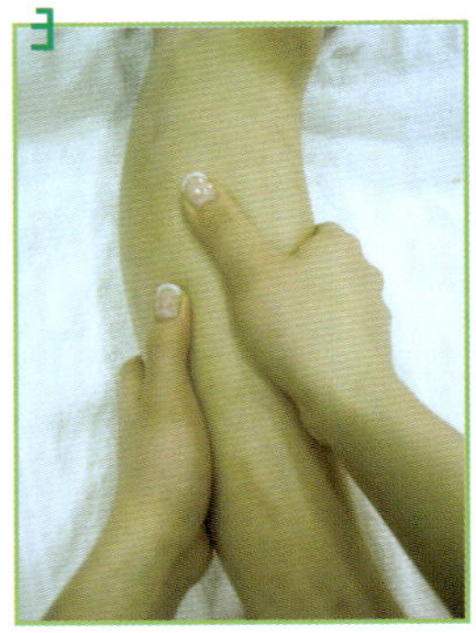

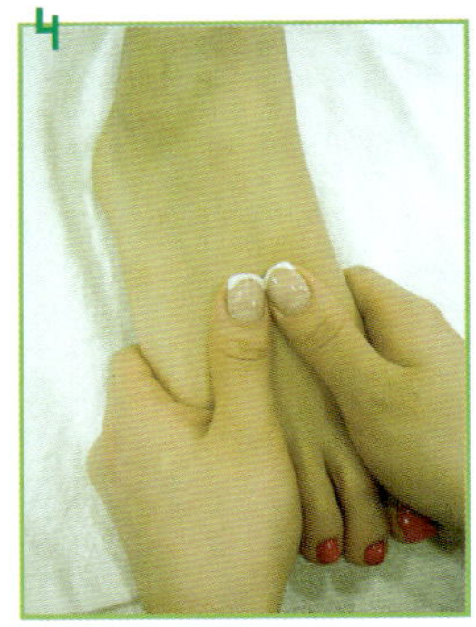

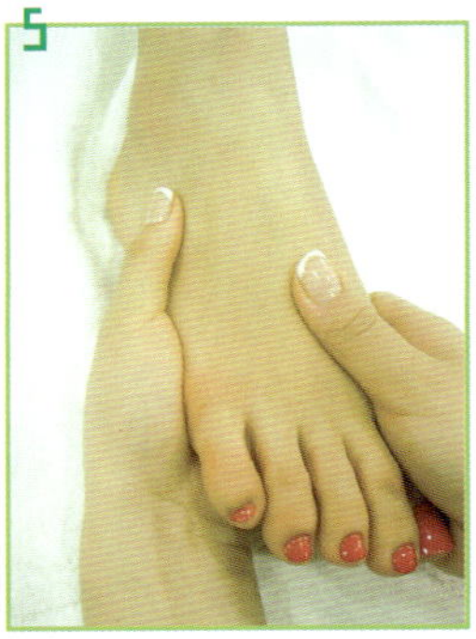

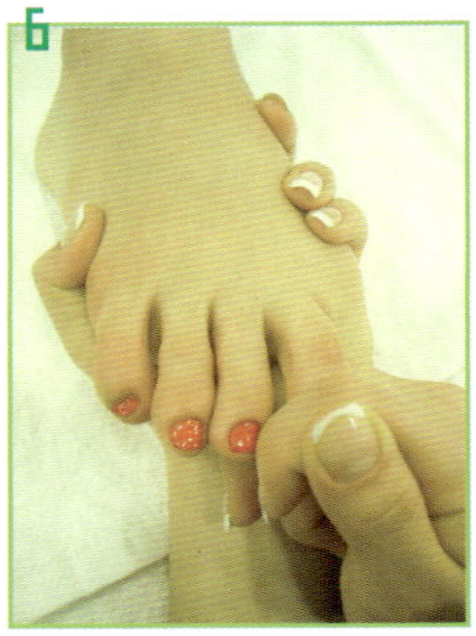

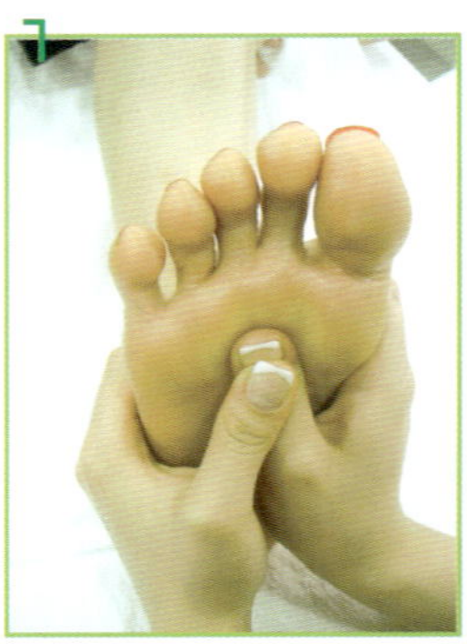

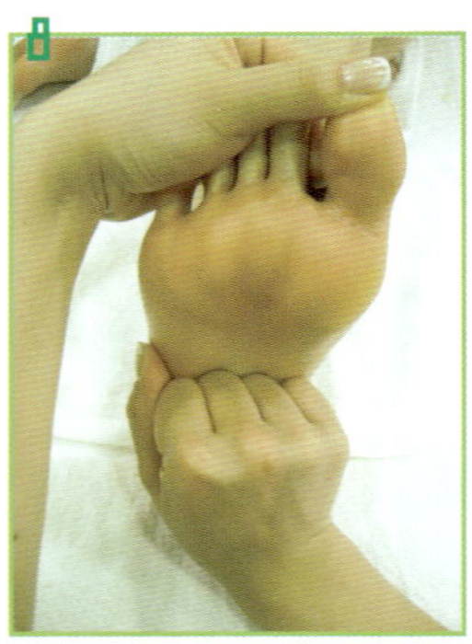

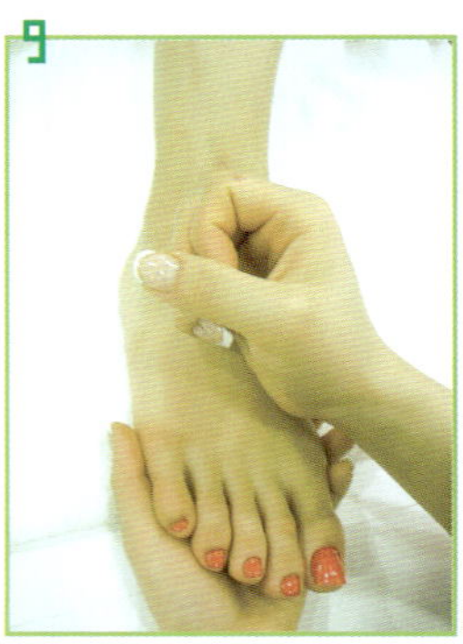

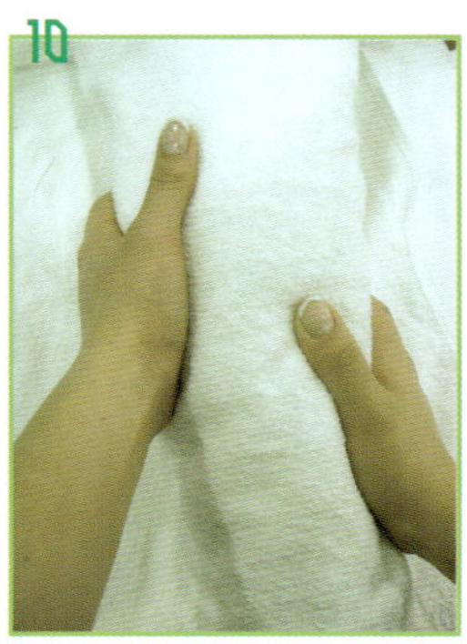

Step 1. 왼손으로는 발을 잡고 오른손을 넓게 펴서 발등부터 시작하여 종아리를 거쳐 발바닥에 이르기까지 마사지한다. 동일한 동작을 손을 바꾸어 반복한다. 이 동작은 혈액 순환을 촉진시키고 전체조직을 부드럽게 해준다.

Step 2. 손바닥으로 원을 그리며 발등을 마사지한다. 두 손을 바꾸어 동일한 동작을 반복한다

Step 3. 양손의 엄지손가락으로 발등 뼈 사이를 원을 그리며 마사지한다. 혈액순환을 증진시키는 동작이다.

Step 4. 두 손가락으로 발가락 하나 하나를 잡아당긴다. 이것은 신발에서 오는 발의 경직성을 풀어준다.

Step 5. 두 손으로 발가락을 마사지한다. 이 동작은 혈관과 림프관을 부드럽게 쓰다듬어 주어 피부 조직을 이완시킨다.

Step 6. 손으로 발가락을 하나씩 잡아 원모양을 그리며 돌려준다. 경직된 발가락의 관절을 풀어준다.

Step 7. 왼손으로 발을 잡고, 오른손으로 발바닥의 지압점을 눌러준다.

Step 8. 주먹을 발바닥에 대고 좌우로 회전시켜서 마찰시킨다. 이것은 혈액순환에 도움이 된다.

Step 9. 양손으로 발 전체를 원을 그리며 마사지하고, 가볍게 두드리면서 마무리한다.

Step10. 처음과 같은 동작으로 전체 마사지 과정을 끝맺는다. 왼손으로는 발을 잡고 오른손을 넓게 펴서 발등부터 시작하여 종아리를 거쳐 발바닥에 이르기까지 마사지한다.

4) 반사법(Reflexology)

반사법은 자연 요법의 일환으로 말초신경을 자극하여 자연 치유력을 증가시킨다. 각각의 지압점은 몸의 각 부와 밀접한 반응 관계에 있어서 신경 반사구를 자극하면 그 반사구와 관련이 있는 기관과 생리 기능이 자극받아서 각 기관의 세포 활성화를 촉진시킨다. 또한 지압과 마사지를 병행하는 것은 더욱 효과적이다. 손과 발의 반사부위를 자극하여 혈액순환을 원활하게 하고 에너지 흐름을 정상화시켜서 긴장과 스트레스에 시달리는 몸과 마음을 이완시키고 건강하게 할 수 있다.

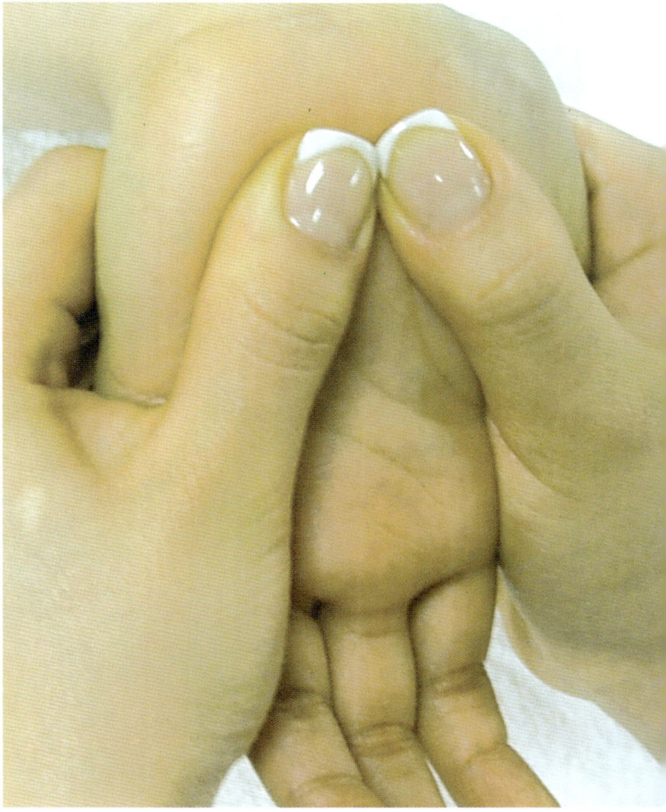

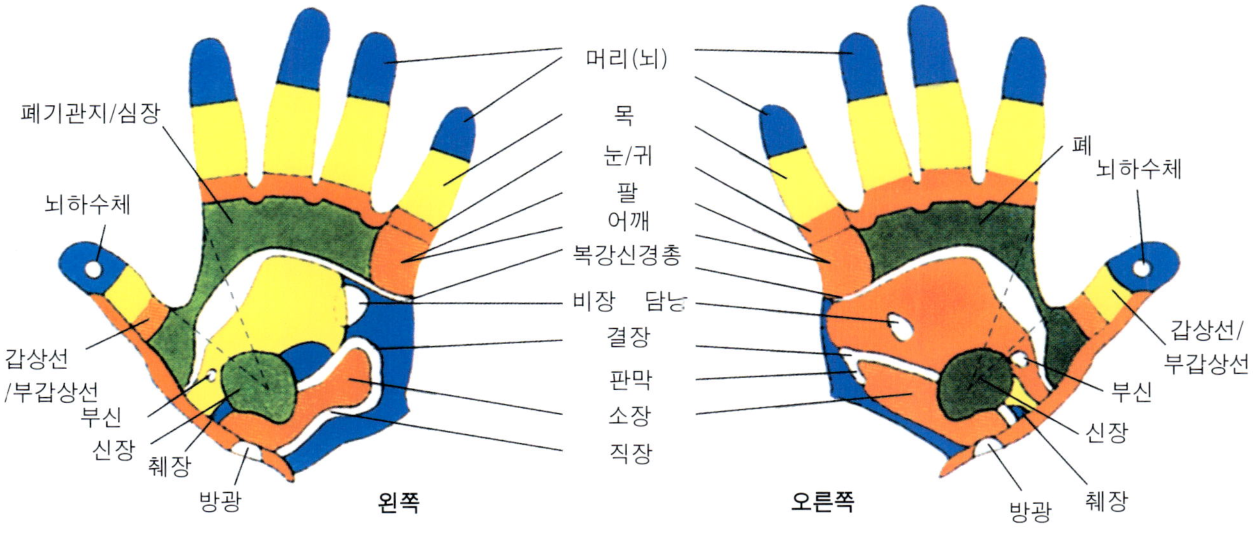

손의 반사구

1) 머리
2) 앞머리(전두동)
3) 작은골
4) 뇌하수체
5) 축두부(삼차신경)
   안면신경
6) 코
7) 목
8) 눈
9) 귀
11) 어깨뼈(승모군)
12) 갑상선
13) 부갑상선
14) 폐기관지
15) 위
16) 십이지장
17) 췌장(이자)
18) 간장
19) 담낭
20) 복강신경총
    (소화계통)
21) 부신
22) 신장
23) 수뇨관
24) 방광
25) 소장
26) 맹장
27) 판막
28) 승결장
    (상행결장)
29) 횡결장
    (회행결장)
30) 하결장
    (하행결장)
31) 직장
32) 항문
33) 심장
34) 비장
36) 생식선
    (난소, 고환)

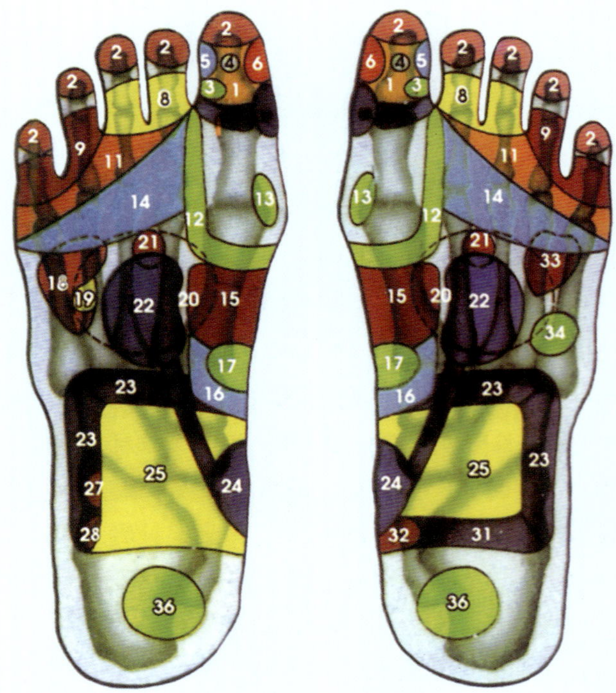

내측
13) 부갑상선
24) 방광
38) 골관절
50) 자궁(여), 전립선
    (남), 외측
51) 음경, 음도, 요도
52) 항문, 직장(치질)
53) 경추
54) 배추
55) 요추
56) 염골(선추), 미공
57) 내미골
39) 임파선(상부)
40) 임파선(복부)
41) 임파선(흉부)
42) 평형기관
43) 가슴
44) 횡경막
45) 편도선
46) 하악(아래턱)
47) 상악(윗턱)
48) 기화기관, 성대
49) 복골부
61) 갈비
10) 어깨
35) 무릎
36) 생식선
37) 월경불순
38) 관절
39) 임파
42) 평형기관
43) 가슴
44) 횡경막
58) 외미골
59) 견갑골
60) 팔관절
61) 갈비
62) 좌골신경
63) 팔(수족)

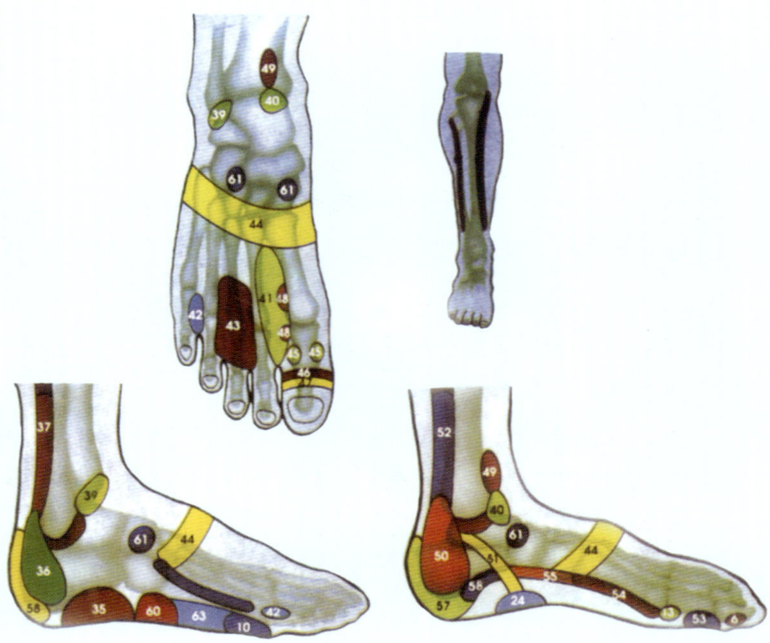

발의 반사구

3. 손과 발을 위한 뷰티 마스크

대부분은 얼굴에 한 달에 한번 또는 일주일마다 마스크를 붙인다. 손과 발의 피부도 마찬가지 비슷한 방법으로 아름다워 질 수 있다. 다음의 마스크는 간단하고 손쉽게 할 수 있는 것이다.

1) 손에 도움을 줄 수 있는 것

① 고객의 손 위에 4티스푼의 꿀을 부드럽게 바르고 15분간 마르기를 기다린다. 이것은 피부를 부드럽게 만들고 수분을 준다. 아주 따뜻한 물에 깨끗이 씻그 말린다. 핸드크림을 발라준다.

② 오토밀 6티스푼과 6티스푼의 플레인 요구르트, 1테이블스푼의 올리브 오일 그리고, 2테이블스푼의 레몬 주스를 볼 안에 섞는다. 10분간 손을 부드럽거 하고 철저히 헹군다. 반복해서 사용한다면 햇볕에 그을린 피부를 부드럽게 미백하고 벗겨내는 효과를 준다.

③ 커다란 볼에 1/2컵의 전지분유, 1 테이블 스푼의 피마자유, 5방울의 라벤다 그리고, 5방울의 카모밀라를 담는다. 볼에 매우 뜨거운 물을 담는다. 고객의 손을 휘저어서 섞은 후 물이 차가워질 때까지 담그고 있는다.

④ 잠자리 들 시간에 손을 깨끗이 씻고 타월로 말리고, 가볍게 습기를 남긴 상태로 둔다. 아주 영양이 풍부한 핸드크림을 바른다. 면장갑을 끼고 잠자리에 든다. 이 트리트먼트는 건조하고 갈라진 손을 회복하는 가장 간단하고 빠른 방법이다.

2) 발을 위한 특별한 트리트먼트

① 건조한 피부와 굳은살을 부드럽게 하기 위해 1/2컵의 거친 소금과 1/2컵의 베이킹 소다를 뜨거운 물에 넣는다. 10~15분간 발을 담근다. 피부가 부드러워질 때 죽은 각질을 벗겨내도록 한다. 헹구어내고 모이스춰를 바른 후 면양말을 신어서 모이스춰 라이저가 피부 속으로 흡수되도록 한다.

② 발을 씻고 큐티클을 밀어 올린 다음, 발톱을 버프하그 패디파일로 발뒤꿈치와 다른 건조 피부 부분을 부드럽게 한다. 스크럽을 사용해서 발, 발목, 다리를 문지른다. 회전하는 동작으로 마사지하고 따뜻한 물에 잘 헹군다. 그런 다음, 다리, 발목, 발에 훼이셜 머드 마스크를 시술한다. 뜨거운 스팀타월을 머드 마스크 위에 덮는다. 10분간 그대로 두고 타월로 남은 머드를 닦아내고 잘 헹군다.

4. 가장 흔한 손과 손톱의 문제점을 개선하는 법

1) 행네일과 감염된 큐티클(Hangnails and infected Cuticles)

행네일은 손톱 가장자리 둘레에 피부가 조그맣게 찢어지거나 분리되서 통증을 동반하는 것이다. 매우 건조한 피부, 상처, 손톱 주위를 물어뜯거나 손가락으로 잡아뜯는 버릇은 행네일의 모든 흔한 원인들이다. 큐티클은 실질적으로 단단한 피부의 얇고 유연한 가느다란 조각으로 되어있다. 네일 매트릭스의 대부분을 덮고 있으며 손가락에서 손톱에 이르기까지 피부를 감싸며 외부의 세균, 즉 박테리아가 네일 매트릭스 부위로 들어올 수 없도록 막는다. 손톱에 붙어있는 큐티클에 건조하고 죽은 세포들이 쌓이면 행네일로 진행될 수 있다.

행네일은 손톱 사이나 베이스의 작은 조각(죽은 피부)이며 부분적으로 피부 밖으로 떨어져 나온다. 이것을 적절하게 손질하지 않는다면 감염될 수도 있다. 치료는 손톱을 깨끗하게 손질하고 밴드에이드로 감싸준다. 그리고 충분히 자라나면 조심스럽게 잘라낸다.

감염된 큐티클은 종종 과격한 매니큐어 또는 손톱 부위의 직접적인 상처의 결과로서 나타난다. 손톱 주변의 피부는 종종 민감하고 아픔을 쉽게 느끼고 빨개지고 부어오르며 심한 감염의 경우에는 피부까지도 진행할 수도 있다.

Tip

큐티클은 절대로 잘라 내거나 과도하게 날카로운 도구로 밀어내서는 안 된다. 감염의 초기 증상은 빨개지며 민감해지고 부어오른다. 치료법은 손가락을 안티 박테리아 용액에 대략 10분간 담가 두다가 공기 중에 말린다. 만약 증상이 가라앉지 않는다면 의사를 찾도록 한다.

2) 외상과 수평선의 굴곡(Trauma spot and Horizontal Ridges)

손톱이나 손톱베드가 물리적으로 상처 받을 때 손톱은 이 외상의 증거를 보여준다. 무리하게 뜯거나 큐티클을 밀어내는 것이 손톱 밑으로 내려가는 네일 플레이트 중앙에 일련의 수평적인 홈과 구렁을 만든다.

외상 후 특별한 부위의 손가락 밑 부분에 피가 응결 될 수 있다. 손톱이 자라면서 피가 응결된 부위는 없어질 것이다.

손톱과 발톱에 보이는 수평선의 횟지나 선들을 일컬어 'Bans line'이라고 한다. 이것은 손톱이 만들어질 때 일어난 사건을 기록하는 지표이다. '사건'이라는 것은 고열, 아연 결핍, 외상, 매니큐어 하는 동안 과격하게 큐티클을 밀어올리는 것으로 기인한 외상 등이다.

3) 피부병(Dermatitis)

피부의 염증은 dermatitis로 알려져 있다. 손은 시술할 때 빨갛거나 가렵거나 건조한 것은 다음이 원인이 되어 나타난다.

접촉성 습진은 손이 노출되었을지 모르는 물질 또한 알레르기의 결과이다. 크림, 화학 물질, 비누, 네일 폴리쉬, 헤어 케어 제품에 포함되어 있을 수 있다.

손의 습진은 만성적인 상태이다. 빨갛고 가렵고, 두꺼워진 피부가 조각으로 떨어지거나 때때로 물집이 생기는 반복되는 발생에 기인한다. 광범위한 노출을 피하고 물이나 화학물질, 자극물, 자주 물에 접하는 것 또한 피하는 것이 습진으로부터 해방될 수 있다.

4) 건조한 손톱과 갈라지는 것(Dry Nails and Splitting)

건조한 손톱과 잘 갈라지는 것은 바깥요인, 손을 물에 너무 오래 사용한다거나 네일 글루에 의한 원인이 있다. 이런 상태는 어떤 병이나 약물 치료로부터 기인할 수 있다. 쉬운 치료 방법은 뜨거운 올리브 오일에 손톱을 담그거나 AHA시술이나 네일 콘디셔너를 사용하고 오랜 시간 물에 접촉할 때는 장갑을 착용하는 것이다.

5) 물에서 보호하는 법

외부 환경에 방수막을 형성하고 있는 피부와 달리 손톱은 물이 스며들고 흡수할 수 있다. 손톱은 그들 자신 무게의 20~25%의 물을 흡수할 수 있다. 그래서 손톱은 실질적으로 무게와 부피가 물에 잠겨졌을 때 증가한다.

손톱이 물을 흡수하면 케라틴 섬유소들을 팽창시키고 서로 분리되는 원인을 제공하고, 손톱을 약하게 만든다. 손톱을 물에 담갔다 빼다를 교대로 반복하면 손톱은 건조되며 약해진다. 손톱 건조는 손톱이 공기를 둘러싸그 있을 때 보다 습기가 있을 때 어느 때고 일어날 수 있다. 건조한 공기는 손톱으로부터 습기를 밀어내고 그것이 축소되도록 한다.

예를 들어 길고 오랜 시간 뜨거운 욕조에 손가락을 담가놓는 것은 좋지않다. 또한 집안 일을 하면서 손을 물과 합성세제에 접한다는 것도 마찬가지다. 이런 이유로 자연 손톱을 보호 하는 가장 중요한 스텝은 방수 처리이다. 장갑을 착용하거나 손톱에 바셀린을 바르는 방법들은 효과적으로 손톱을 물에 잠그거나 건조되는 악성 순환으로부터 보호할 것이다.

5... 매니큐어

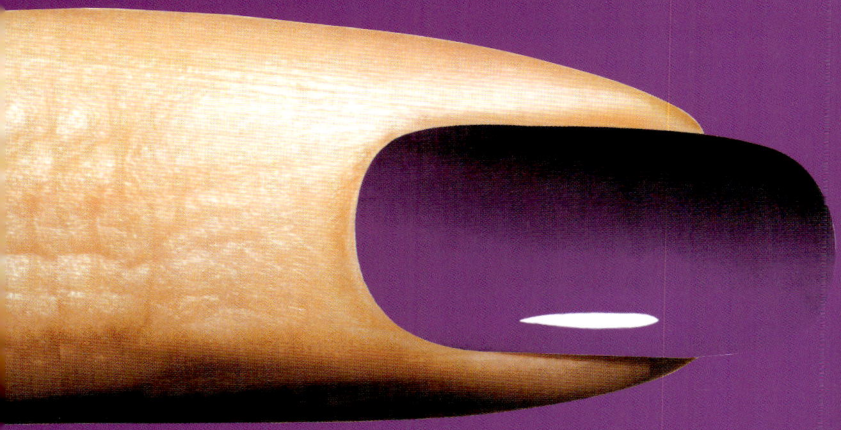

1. 매니큐어 도구와 사용 방법
2. 제품
3. 손톱의 기본 모양
4. 기본 절차
5. 편물 테스트 (Hosiery test)

5장 매니큐어

1. 매니큐어 도구와 사용 방법

도구들을 선택할 때는 어떤 것이 가장 편안한 가를 우선적으로 한다. 기구들에 있어서 특별히 손안과 손가락 주변에 쉽게 맞아야 하고 일을 효율적하기 위해서 중요한 점이다. 무엇을 사용하던지 언제나 효율성을 잃었을 때는 다른 도구들로 대치되어야 한다. 낡은 도구들과 너무 사용한 버퍼들은 손톱을 건조시키고 해를 줄 것이다.

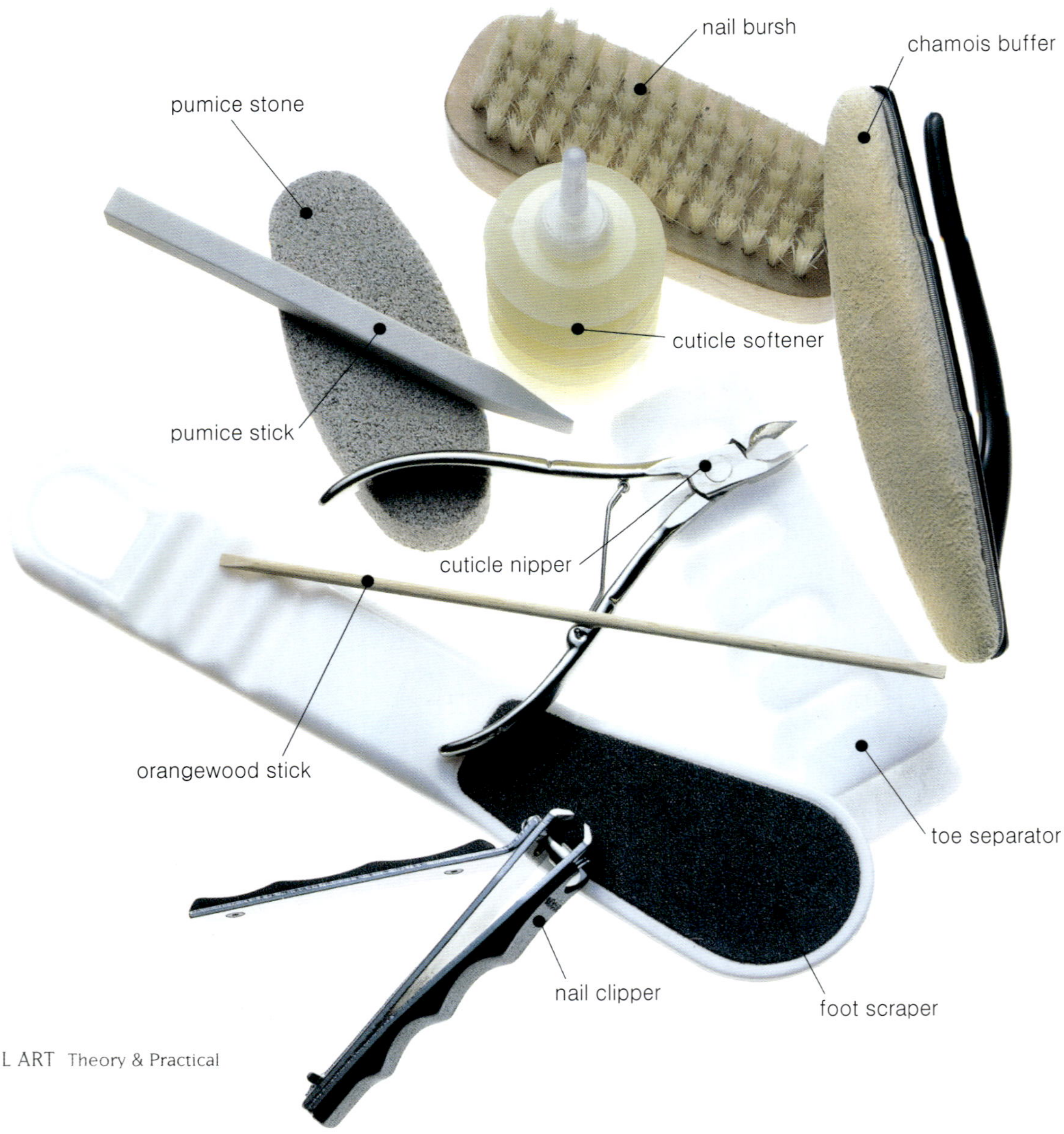

(1) 퍼미스 스톤(Pumice stones)

굳은살을 제거하기 위한 도구로 특별히 발꿈치에 쓰인다. 긴 손잡이를 가진 스타일은 움직임이 자유롭고 반면에 네모진(block)스타일은 견고하며 오래 쓸 수 있다. 언제나 박테리아의 성장을 피하기 위해 철저히 헹구고 소독한다.

(2) 실크 가위(Nail scissors)

천을 작은 조각으로 자르는데 아주 유용하다. 보통 실크나 린넨를 자르는데 쓰인다(네일 랩핑이나 리페어를 위해서).

(3) 에머리 보드(Emery boards)

손톱의 길이를 조정하거나 모양을 바로 잡을 때 사용한다. 다양한 그리트(grit)가 있으며 사용 목적에 따라 선택한다.

(4) 디스크 파일(Disk files)

둥근형과 네모난 형이 있으며 다양한 그리트(grit)를 가지고 있다. 이것들은 쉽게 구부릴 수 있고 특별히 네일 표면의 굴곡을 제거하고 부드럽게 만드는데 좋고 버프(buff)나 폴리쉬를 위한 준비과정으로 쓰인다.

(5) 폴리쉬 리무버 패드(Polish remover pads)

보풀이 없는 패드는 손톱의 에나멜을 제거하는데 완벽하다. 언제나 패드를 끼우고 손톱을 닦는다.

(6) 솜(Natural cotton)

에나멜을 지우고 다른 네일 제품들을 제거하기 위해 쓰인다. 합성 솜은 흡수성의 부족 때문에 손톱 주변을 얼룩지게 하는 경향이 있으므로 자연 솜을 사용하는 것이 좋다.

(7) 화이트 펜슬(White pencil)

손톱 밑을 하얗게 하는데 쓰이고 프렌치 매니큐어 할 때 줄 긋는 펜으로 쓰인다(또한 간편하게 일시적으로 네일팁을 깨끗하게 유지시키는데 쓰인다).

(8) 오렌지 우드 스틱(Orange wood stick)

큐티클을 밀어 올리고 네일 표면을 깨끗하게 한다. 특별히 프리엣지 부분을 깨끗이 하고 약간의 촉촉한 솜으로 팁을 감아서 사이드나 프리엣지 부분을 청소하는데 효과적이다.
때때로 고무로 큐션된 팁이 유용한데 이것은 민감한 큐티클에 부드럽게 압력을 준다.

(9) 쓰리웨이 버퍼(Nail buffer)

자연스런 광택을 주며 3가지 표면을 가지고 있다. 첫 번째 면은 가장 거칠고, 굴곡이 고르지 못한 표면을 부드럽게 만들어 준다. 두 번째 면은 좀 더 섬세한 그리트(grit)로 더욱 표면을 부드럽게 갈아 준다. 마지막 면은 그리트(grit)는 없고 버프를 위해서만 사용한다. 버프(buff)는 손톱 밑과 손가락 끝의 혈액 순환에 좋지만 지나친 버프는 손톱을 건조시킬 수 있고 깨지거나 부서지기 쉬으므로 적당한 자제를 한다.

(10) 네일 스톤(Nail stone)

천연 성분의 퍼미스 스톤은 연필 모양이다. 손톱 표면과 큐티클 주변의 죽은 피부를 제거하는데 가장 좋다.

(11) 발가락 끼우개(Toe separator)

발가락에 폴리쉬를 바를 때 서로 달라 붙는 발가락들을 보호하기 위해 쓰인다.

(12) 큐티클 니퍼(Cuticle-nipper)

매우 정밀한 도구이고 주의 깊게 사용되어야 한다. 주변의 느슨해진 피부를 잘라 내는데 쓰이며 큐티클 그 자체를 제거하지 않도록 주의한다.

(13) 확대경

손톱을 더욱 자세하게 들여다보고 싶다면 필요하다.

(14) 네일 클리퍼(Nail clipper)

네일 클리퍼는 손톱의 길이를 조절하는데 사용한다. 자연손톱에 사용 시 손톱이 구부러지거나 약하게 하는 경향이 있으므로 긴 손톱을 짧게 하는데 사용하도록 한다.

(15) 발톱가위 (Toenail scissors)

단단한 발톱을 쉽게 자를 수 있다. 자를 때는 피부를 밀어 내며 잘라야 사고를 방지할 수 있다. 발톱의 코너 부분을 자르는 것은 안으로 파고 드는(ingrown)발톱을 방지하기 위해 좋다.

(16) 네일 브러쉬(Nail brush)

큐티클 주변이나 프리엣지(Free-edge) 밑 부분을 청소하는데 사용한다. 가장 좋은 네일 브러쉬는 천연털이며, 한쪽 사이드는 부드럽고 다른 쪽은 단단한 털로 되어 있는 것이다. 반면 나일론 털의 브러쉬는 일반적으로 이용할 수 있는 타입이지만 손톱과 피부를 할퀴고 해를 줄 수 있으므로 피하는 것이 좋다.

(17) 네일 버퍼(Nail buffer)

빠르고 자연스러운 광택을 주고 크기나 모양이 쓰기 편하게 만들어져 있다. 버퍼할 때는 항상 한쪽 방향으로 쓸어 주어야 하며 모든 동작마다 '뜨거워 지는것'을 방지하기 위해서 버퍼를 표면에서 들어준다(너무 과도한 버퍼는 손톱을 건조하게 하고 갈라지는 원인이 된다).

(18) 핑거볼(Fingerbowl)

큐티클을 제거하기 위해 미온수를 담아 불리는 그릇

2. 제 품

(1) 살균 비누(Antibacterial soap)

비누의 성분은 세척제와 박테리아균 살균제로서 고객의 손을 위생 처리한다. 손과 손톱을 부드럽고 촉촉하게 하기 위해서는 순수한 조조바 오일을 리퀴드 비누에 첨가해 본다. 조조바 오일은 손과 손톱에 실크와 같은 보호층을 남긴다.

(2) 네일 폴리쉬 리무버(Nail Polish remover)

비타민 E, 라놀린 또는 알로에가 포함된 리무버는 손톱을 덜 건조 시킨다. 피부가 매우 예민하거나 인조 손톱에는 논아세톤(Non-accentone) 리무버를 사용하도록 한다.

(3) 큐티클 크림(Cuticle cream)

손톱에 달라붙은 큐티클을 녹여 부드럽게 해 주는 용액 보통 라놀린 수지, 코코아버터, 미네랄, 벌꿀 왁스 성분으로 되어 있다.

(4) 큐티클 오일(Cuticle oil)

큐티클 주변에 영양과 보습을 주며 건강하게 유지시켜 준다. 특별히 심한 행네일에는 비타민 E오일이 적당하며, 새로운 상처의 치료가 빠르다.

(5) 네일 폴리쉬(Nail polish)

투명에서 크림까지 수많은 색조를 가지며 휘발성이 매우 빠르다. 보통 니트로셀룰로즈를 휘발성 용해액으로 용해시켜 만든다.

(6) 베이스 코트(Base coat)

폴리쉬를 바르기 전에 손톱 표면에 발라주는 것이다. 화학 성분이 침착 되어 노랗게 변색되는 것을 막아주며 폴리쉬가 손톱 면에 잘 붙어있도록 해 준다. 주요 성분은 에틸아세테이트, 용해제, 아이소프로필 알콜, 뷰틸 아세테이트, 니트로셀룰로즈, 송진, 포르말디하이드이다.

(7) 하드너(Hardener)

찢어지거나 분리되는 손톱을 강화시킨다. 보통 포로테인 하드너, 나일론 섬유, 포르말디하이드의 보강제 등이 있다.

(8) 탑 코트(Top coat)

폴리쉬 위에 덧 발라서 더욱 빛나게 해주고, 색상 폴리싀가 벗겨지지 않도록 보호막을 만들어준다. 아크릴릭 네일은 2주에 1~2번 바르고, 자연손톱은 매일 밤(Night) 바르는 것이 좋다. 성분은 니트로셀룰로즈, 톨유인, 알콜, 폴리에스터, 송진 등을 함유하고 있다.

(9) 릿지 휠러(Ridge filler)

폴리쉬를 바르기 전 굴곡이 있는 손톱 표면을 부드럽게 만들어준다. 베이스 코트 대신으로 쓸 수 있다.

(10) 띠너(Thinners)

폴리쉬가 본연의 점성 또는 농도로 돌아가도록 만들어 주며, 폴리쉬의 구성 성분과 맞는 용해제를 함유하고 있어 칼라를 변색시킴 없이 유지 시켜준다. 댢은 테크닉션은 폴리쉬를 묽게 하기 위해 아세톤을 사용하지만 빨리 증발되어서 다시 못쓰게 만든다.

(11) 핸드 크림 및 로션

핸드 크림 및 로션은 특별히 손을 씻거나 물 속에 담갔을 때 필요하며, 고객의 손을 아름답고 촉촉하게 만들어 준다. 낮에 바르는 타입은 썬스크린제가 함유된 것이 좋다. 썬스크린 제품을 포함하고 있는 핸드 크림은 손에 갈색반점이 생기는 것을 막아주고 태양광선에 노화되는 것을 보호해준다. 선택할 때 주의할 점은 크림이나 로션은 항상 촉촉하고 크리미 해야 한다는 것이다. 너무 수분으로 이루어진 타입은 물이 증발해 버려 피부는 더욱 건조해진다.

3. 손톱의 기본 모양

손톱에 어울리는 모양을 결정하는데 고려해야 하는 4가지는 라이프 스타일, 손톱 길이(length), 모양(shape), 색상(color)이다. 고객에게 손톱을 시술하기 전에 이런 부분들을 모두 고려해야 한다.

1) 생활 양식(Life style)

여성들의 선호는 해를 거듭하면서 대단히 변화하고 있다. 전문직 여성들의 증가로 직장 내에서의 효율성과 실용성에 관심이 있으며 네일 아티스트는 고객의 신체적 제한 조건에 대한 인식이 필요하다. 만약에 키보드 치는 직업을 가진 여성이라면 긴 손톱이 불편하다거나 가장자리가 깨어지는(chiping)위험성을 감안한다던지 또는 반대로 유행에 민감한 부띠끄에서의 판매 여사원은 손톱을 하나의 패션으로 가장 최신 트랜드를 선택하고 시험해 볼 필요가 있다.

2) 길이(Length)

손톱을 얼마나 길게 할 것인가 보다는 고객의 손과 손톱에 어울리며 적당한 길이를 어떻게 할 것인가가 중요하다. 만약 손톱의 길이가 고객의 직장 생활에 방해가 되는 직업을 가지고 있다면 짧은 손톱을 고려해야 한다. 예를 들어 전화 다이얼을 돌리거나 책상으로부터 물건을 집어 올리거나 하는 행동을 불편하게 만들고, 능력 발휘를 못하게 하는 심각한 위험에 빠지게 할 것이다. 바쁘고 시간 여유가 없는 생활을 하는 사람에게 긴 손톱은 적당하지 않다.

그러나 많은 사람에게 긴 손톱은 여성스러움의 이상형이다. 개성을 중요시하는 고객에게 자라난 손톱을 자른다는 것은 삼손의 머리카락을 자르는 것과 같다. 이것은 힘의 원천을 제거하는 것이고 가장 심리학적인 아름다움이다. 많은 여성들은(특권층) 아직도 긴 손톱을 선호하고 일하는 계층에는 짧은 손톱을 원한다.

손톱에 대한 표준 길이는 없다. 각각의 개인적인 성향에 의존한다. 개인적으로는 손톱의 가장 적당한 길이는 자연스럽게 손과 손가락에서 연장된 것으로 느낀다. 대략 1/8~1/4인치 정도 손가락 끝에서 연장하는 것이 좋은 시작점이라고 본다. 이것은 손톱 연장을 위한 충분한 길이와 우아함을 줄 것이다.

3) 모양(Shape)

손톱의 모양은 에머리보드를 사용해서 사이드(side)에서 센터(center)쪽으로 작업하고 손톱에서 철저하게 한 방향으로 진행한다. 그렇지 않으면 가장 자리가 너덜해지는 원인이 된다. 손톱 아랫부분을 디자인한 모양(shape)으로 화일링하면서 디스크 파일(disk file)로 좀 더 에지(dege)부분을 부드럽게 한다.

① 스퀘어 손톱(Square nail)

젊은 층이 좋아하는 이미지의 사각형으로 좀더 스포티한 모양이다. 약한 손톱에 좋은 선택이다.

② 손톱 베드(Echoing one nail bed)

손톱의 베드 둥글기와 같은 모양. 이것은 약하고 부드러운 손톱에 적당하다. 매우 자연스러운 모양이며 손톱을 튼튼하게 보호한다. 남성고객들이 주로 한다.

③ 큐티클 모양의 손톱(Mirroring the Cuticle curve)

큐티클의 커브를 반영한 둥근 모양. 잘 균형 잡혀 있으며 아름답다. 여성고객에게 적합한 자연스러운 모양이다.

④ 오벌 손톱(Oval shape)

여성에게 가장 매력있고 우아한 모양으로 좀 더 강한 손톱을 필요로 한다.

⑤ 포인트 손톱(Point shape)

길고 뾰족한 스타일로 섹시하고 여성스럽지만 부러지기 쉬우므로 주의한다.

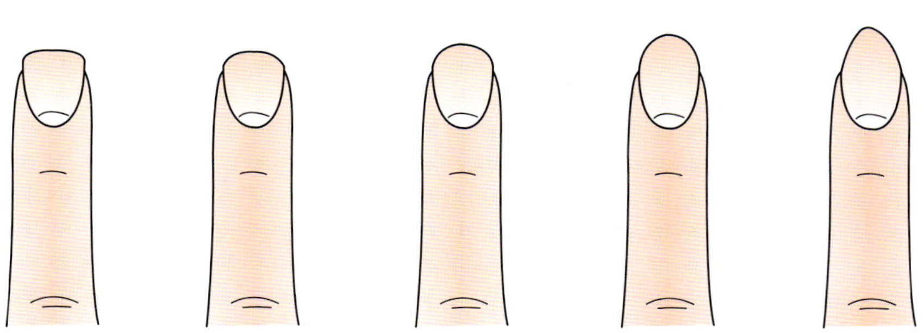

square　　nail bed　　cuticle curve　　Oval　　ponit

4. 기본 절차

준비물

파일, 오렌지우드스틱, 폴리쉬리무버, 안티셉틱, 큐티클 리무버, 큐티클 오일, 푸셔, 샌딩블럭, 니퍼, 종이타월, 핑거볼, 솜, 네일 브러쉬, 핸드로션, 베이스코트, 탑코트, 폴리쉬, 클리퍼, 지혈제, 70% 알콜, 소독기, 고객용 손받침

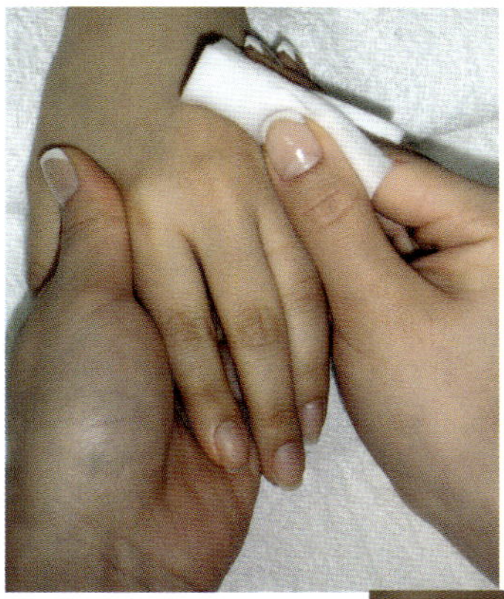

Step 1. 소독(Cleaning)

시술자와 고객의 손을 안티셉틱을 이용하여 소독한다.

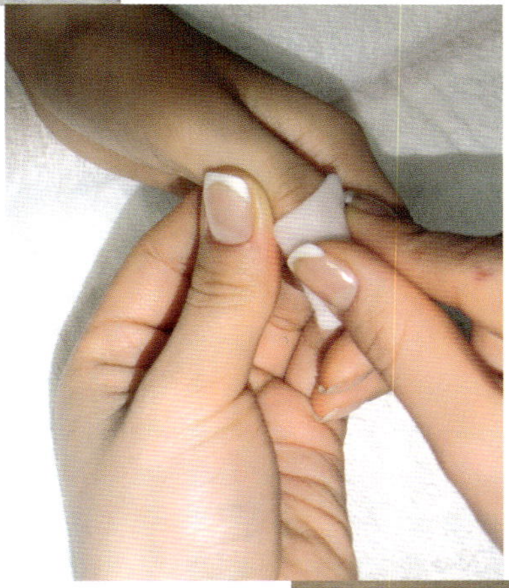

Step 2. 폴리쉬 제거(Remove polish)

폴리쉬 리무버를 묻힌 솜으로 몇 초 동안 손톱표면에 얹어 놓았다가 큐티클로부터 단숨에 닦아낸다.(폴리쉬를 번지지 않게 하기 위해서) 여분의 폴리쉬는 오렌지 우드 스틱에 솜을 감아서 깨끗하게 닦아낸다.

Step 3. 화일링(Filiing)

손톱을 화일링하고 모양(shape)을 가다듬는다. 에모리 보드를 사용해서 약간 경사지게 밑 부분을 프리엣지를 따라서 시술한다. 화일은 항상 코너에서 센터로 화일링한다. 손톱이 이제 막 자라나기 시작한다면 그것들을 모양 잡으려고 애쓰지 말고, 간단하게 거친 테두리만 부드럽게 갈아준다.

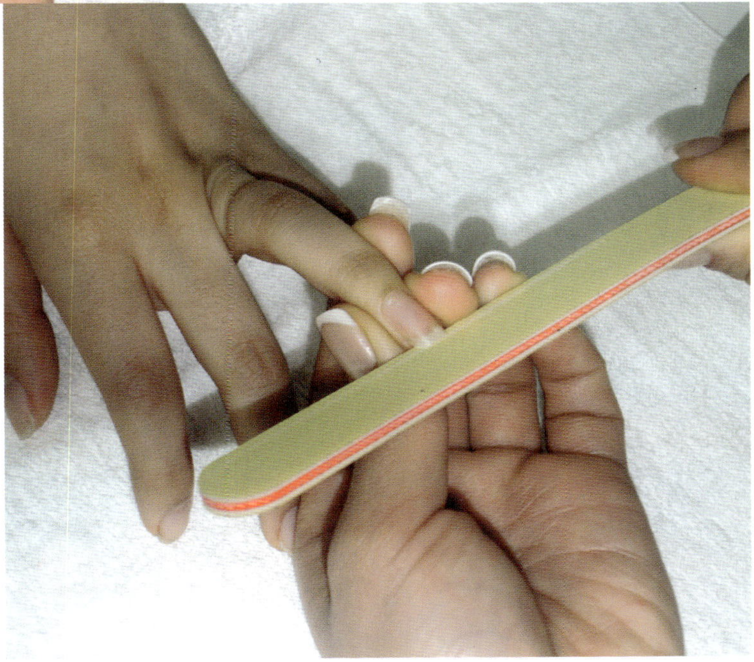

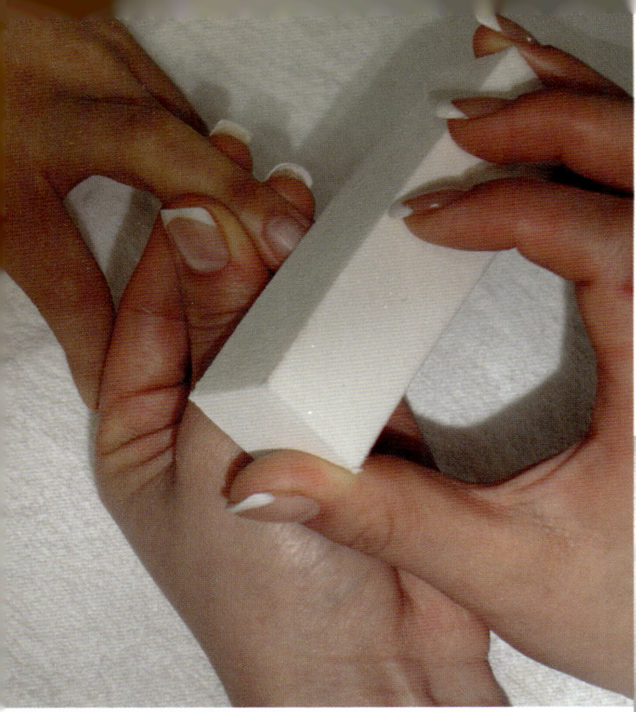

Step 4. 버핑(Buffing)

네일 표면을 부드럽게 한다. 그런 다음 네일 표면의 부스러기를 깨끗이 털어낸다. 주의할 점은 손톱의 한층 만을 가볍게 제거한다는 것이다.

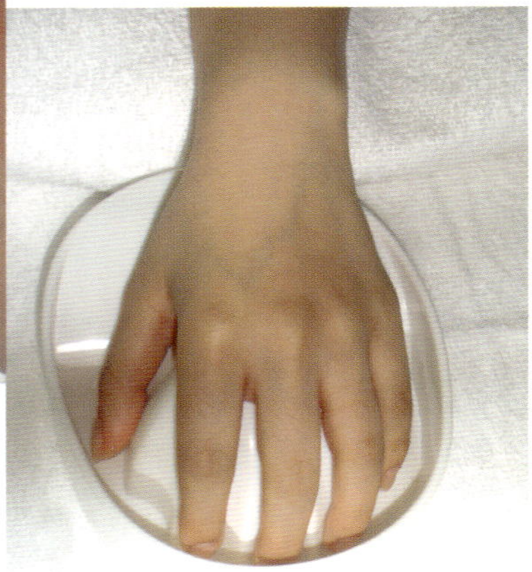

Step 5. 편물 테스트(Hosiery test)

화일과 버프를 끝마쳤을 때 편물류로 테스트해본다. 낡은 스타킹이나 편물 양말로 테두리를 체크해 보도록 한다. 이것은 보기 어려운 거친 부분을 찾는 좋은 방법이다.

Step 6. 큐티클(cuticle) 부드럽게 만들기

큐티클 소프트너를 큐티클 주변에 시술한다. 그리고 따뜻한 비눗물에 손을 담근다. 큐티클의 상태에 따라서 3~5분간 담그도록 한다. 큐티클이 두꺼울수록 더욱 오래 담글 필요가 있다.

Tip

매우 건조한 큐티클

큐티클이 심하게 건조하고 갈라져있다면(대부분 겨울철동안) 크리미 로션, 올리브오일, 더욱 심한 상태이면 전자오븐에 데워진 큐티클오일을 사용하길 권할 수 있다. 이런 몇 분간의 트리트먼트로 확실히 개선시킬 수 있다.

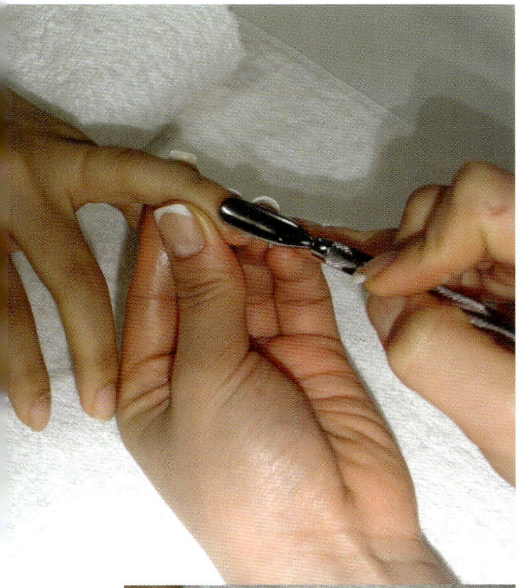

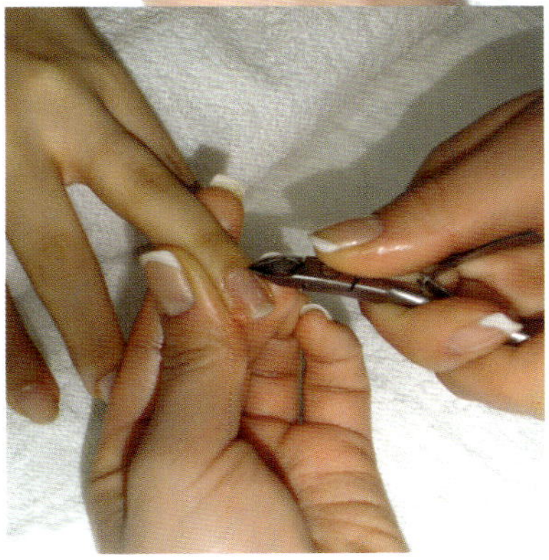

Step 8. 큐티클 정리

큐티클을 부드럽게 뒤로 민다(push back). 행네일이 있다면 큐티클 니퍼를 사용해서 제거한다. 니퍼를 사용 할 때는 자기 자신의 방향을 향하고 부드럽게 집어 잘라낸다.

Step 7. 손톱에 브러쉬하기

손톱을 브러쉬하는 것은 네일 케어의 필수적인 부분이다.

먼저 축적된 더러움과 먼지를 손톱과 손가락 끝으로부터 솔로 닦아서 제거한다.

큐티클로부터 여분의 죽은 피부를 제거해서 행네일을 방지한다.

손톱 밑 부분을 손질하는 것은 손톱베드가 예쁘고 항상 둥근 아취를 가지도록 모양을 만든다. 또한 손톱을 브러쉬하는 중요한 점은 네일 베드의 혈액순환을 촉진시키고 손톱의 건강을 증진시킨다는 것이다.

Tip

브러쉬하는 올바른 방법

- 먼저 따뜻한 물에 브러쉬를 적셔서 비눗물을 약간 첨가한다. 부드러운 면의 솔로 가볍게 양손의 손톱을 브러쉬한다. 이것은 손톱을 비눗물에 거품이 나게 하며 큐티클을 부드럽게 한다.
- 적당한 거품이 생기면 브러쉬를 바꿔서 단단한 솔로 다시 손톱을 전후 좌우로 브러쉬한다. 손톱의 사이드는 행네일이 종종 생기는 부위이므로 특별한 주의가 필요하다. 만약 행네일 또는 상처난 부의가 있다면 그냥 스쳐간다. 이 과정을 각 손톱에 반복한다.
- 작은 손가락에는 특별히 조금 더 시간을 할애한다. 오른손잡이는 오른손이 더 큰 손톱을 가지고 있고 왼손잡이는 왼손 손톱이 더욱 크다. 이런 이유로 가장 작은 손가락에 더욱 관심을 가져 주어야 한다.
- 손톱의 모든 사이드를 브러쉬하고, 손을 뒤집어서 손톱 밑을 단단한 솔을 사용해서 닦는다. 물로 부드럽고 철저히 헹구어 가며 한다. 브러쉬는 일주일에 2~3번 정도만 한다.
- 양손의 손톱을 브러쉬하는 것을 마쳤을 때는 잘 헹구어주고 깨끗한 타월에 말린다. 철저히 말리는 것은 손과 손톱이 거칠어지고 트는 것은 막는다.

기본적인 큐티클케어의 주의점

- 네일용은 가위, 크리퍼, 니퍼로 큐티클을 잘라내지 않는다. 이런 강한 도구들은 쉽게 살아있는 큐티클의 조직을 자르기 쉽다. 그래서 박테리아가 그 부위로 오염되거나 감염이 될 가능성이 크다. 그러나, 안전한 방법으로 적절히 사용되면 건조하고 죽은 피부(네일 플레이트 위에 늘어진 피부)를 큐티클로부터 제거 할 수 있을 것이다. 부스러기를 제거하기 위해서 안티셉틱(소독제)에 촉촉히 젖은 솜으로 닦아낸다.
- 행네일(Hangnail)와 같은 거스러미가 큐티클로부터 나와있다면 조심스럽게 제거한다. 피부의 이 작은 조각들은 못이나 다른 물체에 스쳐서 큐티클이 찢어지는 원인을 제공한다. 다만, 살아있는 조직을 잘라내지 않도록 피하면서 제거한다.
- 절대로 큐티클을 밀어내기 위해서(push back) 큐티클 밑을 날카로운 도구를 사용해서 억지로 홈을 파지 않도록 한다. 이것은 새로운 손톱이 만들어지는 부위인 매트릭스를 손상시킬 수 있고 손톱이 파이거나 굴곡이 있거나 흰 반점이 생기는 손톱으로 자라난다.
- 기본적인 매니큐어나 칼라 시술을 끝낸 후에는 각각의 큐티클에 큐티클 오일을 발라서 건강한 모습을 유지하도록 한다. 언제나 큐티클을 일상에 '아름다움'을 주는 일부분이 되도록 한다. 반복되지만 큐티클 케어나 어떤 네일 케어도 너무 과도한 행위를 하지 않도록 한다.

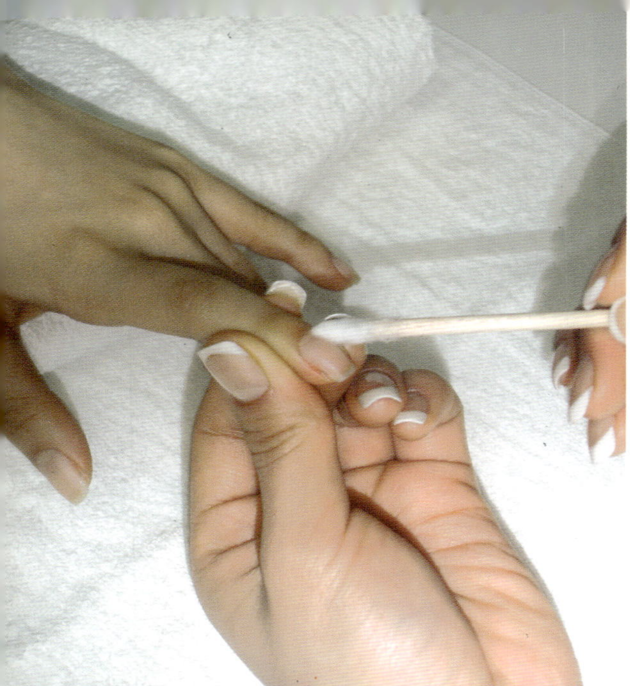

Step 10. 손톱 청소

솜을 감아 둔 오렌지우드스틱을 리무버에 적셔서 닦아낸 후 안티셉틱으로 예민해진 큐티클 부위를 소독한다.

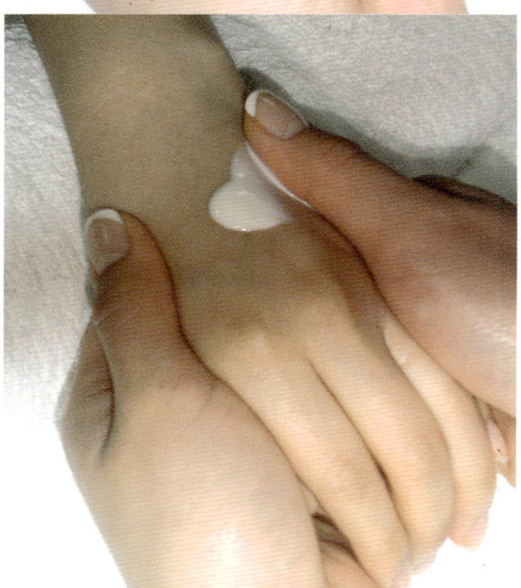

Step 9. 마사지

핸드로션을 녹여서 엄지로 손 안쪽을 회전시켜서 혈액순환을 좋게 한다. 손과 팔을 모두 마사지한다. 만약에 심하게 건조한 피부라면 파라핀으로 손을 손질하도록 한다. 파라핀은 수분을 주는 왁스이며 히터에 녹여 사용한다. 손을 파라핀에 담근 다음 파라핀이 굳고 단단해지면 왁스를 벗긴다. 시술후 손에 수분과 영양을 충분히 준다. 또한 잊지 말아야 할 것은 전체 손을 담그기 전에 너무 뜨겁지 않은지 피부의 작은 부위에 테스트한다.

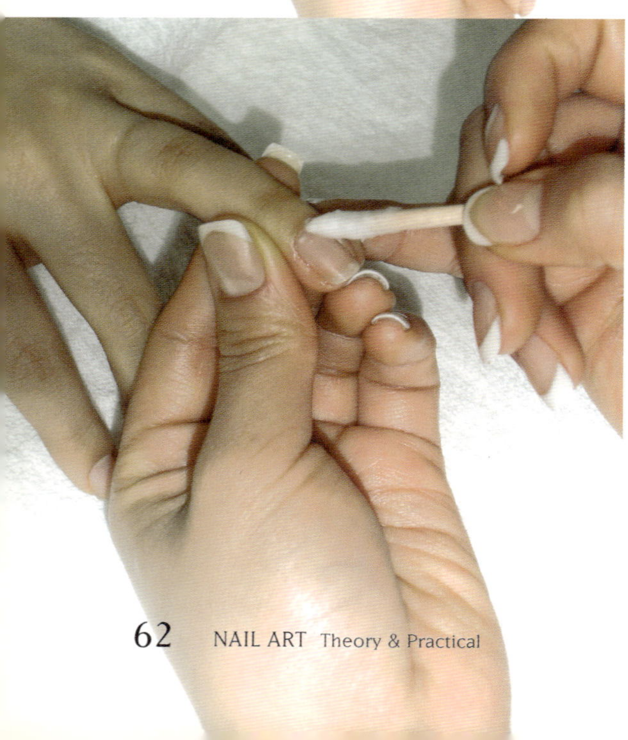

Step 11. 마지막 클렌징

솜으로 감은 오렌지우드스틱을 폴리쉬 리무버에 적셔서 유분기가 남지 않도록 표면과 손톱 밑을 깨끗이 닦는다. 이 후 베이스코트를 바르거나 필요하다면 릿지필러를 바른다.

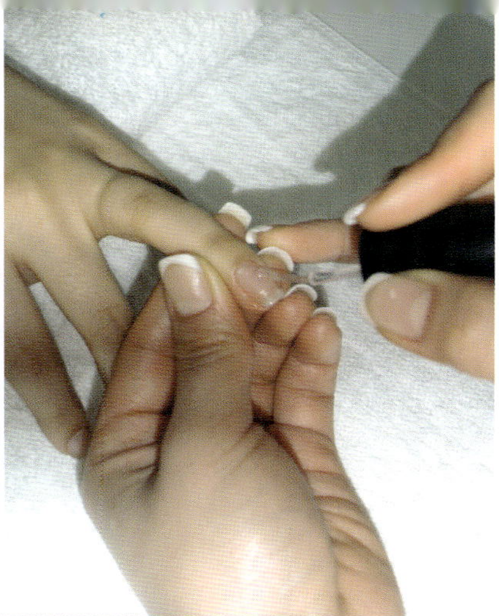

Step 12. 칼라 시술

브러쉬에 많은 양의 폴리쉬가 묻지 않도록 하고, 가벼운 손놀림으로 칼라를 바른다. 손톱의 중앙부터 시작하고 빠르게 브러쉬 한다. 그런 다음 양쪽사이드를 훑어 내린다. 오렌지우드스틱으로 리무버에 담갔다 꺼내서 잘못 묻은 폴리쉬의 여분을 닦는다.

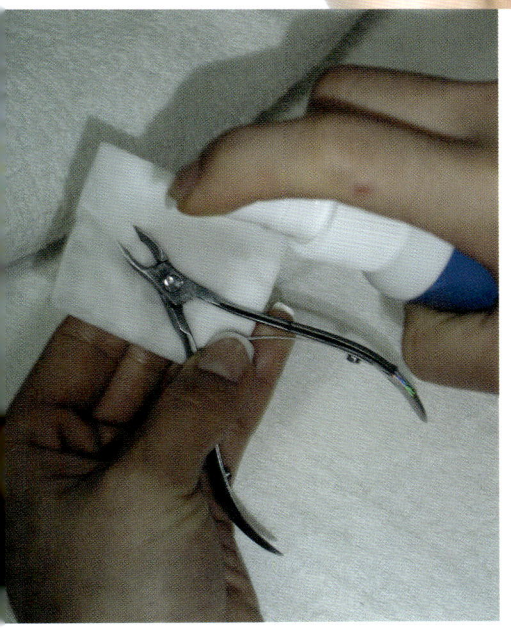

Step 13. 마지막 피날레

시술을 마친 후 도구를 알콜로 소독하고 말려서 보관한다. 네일 폴리쉬는 차갑고 건조한 장소에 보관하고 절대로 폴리쉬에 리무버를 섞지 않는다. 리무버 속의 화학 성분으로 인해 폴리쉬를 못쓰게 만드므로 네일 폴리쉬 띠너를 사용하도록 한다.

Tip

매니큐어 과정 중 주의점

- 무엇보다도 모든 도구들은 소독통 속에서 깨끗하고 신선하게 소독되어야 한다. 고객이 당신이 그것들을 사용하기 전에 깨끗이 하는 것을 보도록 한다.
- 손톱을 화일링 할 때는 부드럽고 깨끗한 화일을 사용한다. 흔히 아크릴릭을 위한 거친 화일을 자연손톱 매니큐어를 할때 사용하는 것을 본다. 자연 손톱용 그리트(grit)는 240 또는 그 이상이 되어야 한다.
- 3way 버퍼를 가지고 자연손톱의 플레이트를 부드럽게 버프한다. 이것은 2가지 목적이 있다. 하나는 손톱 위에 있는 어떤 굴곡도 없애기 위함이고 또한 두번째로 폴리쉬가 더욱더 표면게 접착하도록 하고 촐리쉬가 더욱 오래가게 도와준다. 그러나, 고객이 일주일에 한컨 온다면 한달에 한번정도 버프할 필요가 있다. 너무 자주 버프한다면 손톱을 약하게 만들 것이다.

폴리쉬를 오래 유지하는 법

- 손톱은 스폰지와 같다. 그것들은 젖어있을 때 팽창하고 마를때 축소된다. 그러므로, 손이 물속에 있거나 나왔을 때(예를들면, 씻거나, 목욕중, 설거지 등) 끊임없이 팽창과 수축을 한다. 그래서 손톱의 폴리쉬를 그대로 유지시키는 것은 매우 어려운 일이다. 패디큐어가 보다 더 오래 유지되는 이유는 바로 그것이다. 반면에 인조 손톱 위의 폴리쉬는 거의 들뜨지 않는다. 보통 매니큐어는 대략 4~7일 정도, 패디큐어는 대략 10~15일 정도 유지될 것이다. 아래의 요령으로 그 기간을 연장해 보자.
  - 자연 손톱의 경우 탑코트를 매니큐어 한 날부터 3일간 매일 밤에 바른다. 그런 후, 이틀에 한번 덧바른다(폴리쉬를 지울때까지).
  - 탑코트를 손톱 끝에만 덧바른다. 손톱 끝은 처음으로 벗겨지는 부위이다. 탑코트를 손톱 끝에 바르는 것은 칼라링된 폴리쉬가 벗겨지는 것을 막아줄 것이다.

6 ... 패디큐어

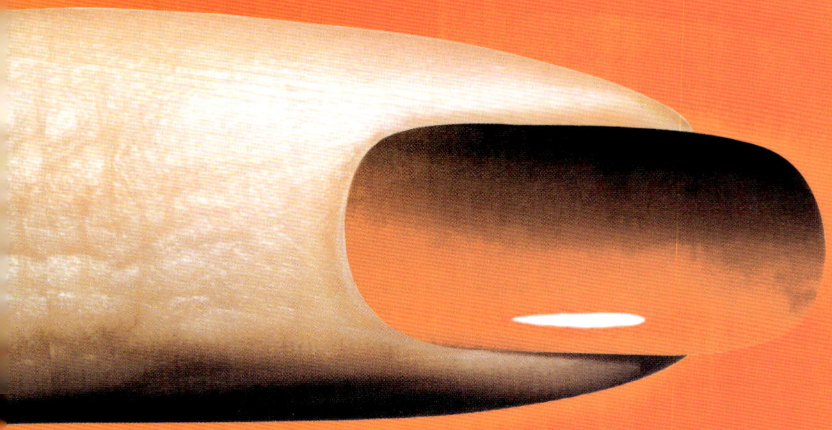

1. 패디큐어 도구 및 제품

2. 기본 절차

6장 패디큐어

상당한 양의 시간과 노력 등을 얼굴과 손을 가꾸는데 소비해 온 반면에 발은 홀로 무시되어 왔다. 아마도 발은 오랜 시간 동안 덮어왔기 때문에 쉽게 잊어진 것이다.

두껍게 굳은살이 덮인 뒤꿈치, 발가락, 그리고 손질하지 않은 발톱만큼 보기 싫은 것은 없다. 특별히 슬리퍼나 샌들에 노출되면 더 더욱 발은 시선을 받는다. 발은 적절하게 케어가 필요하고 아름다운 예쁜 발도 만들 수 있다.

1. 패디큐어 도구 및 제품

패디큐어 스테이션(pedicure-station) : 고객의 의자. 고객용 발 받침대, 시술자용 의자

족탕기(foot-bath) : 더운 비눗물이나 소독제를 첨가하여, 고객이 발을 담그고 세척할 수 있는 것.

발가락 끼우개(toe-separators) : 서로 붙어있는 발가락 사이에 끼우는 스펀지

발톱 클리퍼(toenail clippers) : 발톱의 길이를 자르는 것

안티셉틱 스프레이(antiseptic for spray) : 약한 방부제와 곰팡이 방지 효과를 내는 스프레이.

콘커터 : 굳은살을 제거할 때 사용하는 도구

발 로션(foot lotion) : 발 마사지 할 때 사용하는 것.

패디화일(pedi file) : 발바닥의 굳은 살을 갈 때 사용하는 것.

발 파우더(foot powder) : 곰팡이, 무좀 방지 성분이 들어있는 분말. 페디큐어 후 발라서 발의 건조함을 유지시킨다.

패디큐어 슬리퍼(pedicure slippers) : 일회용으로 된 슬리퍼를 위생적으로 사용한다.

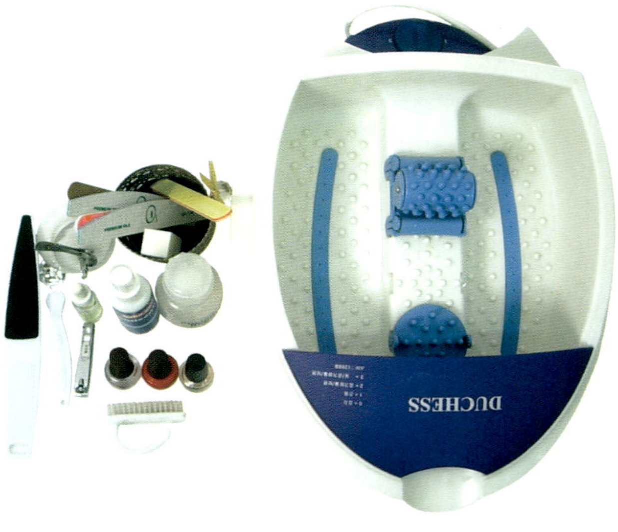

2. 기본 절차

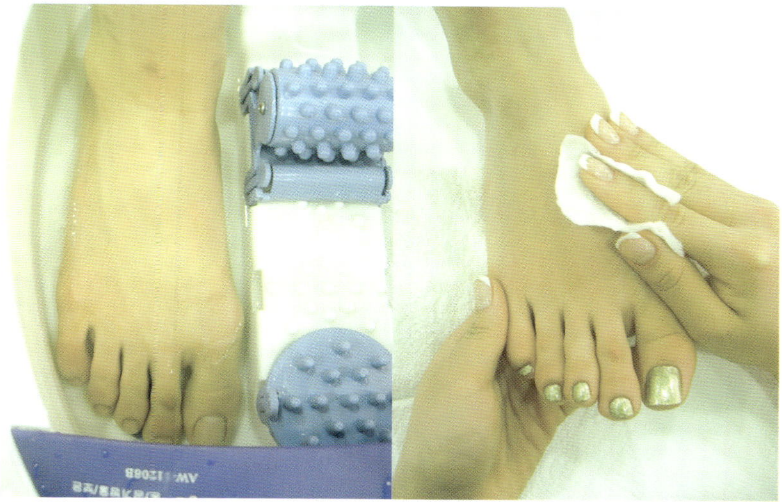

Step 1. 세척(cleaning)

발 욕조에 발을 담근다. 물 속에 소독제를 첨가할 수도 있으며, 피부표면을 더 부드럽게 해주고 굳은살 제거에 도움이 된다. 특별히 뒷꿈치나 발가락 주변, 건조된 스킨 등 가벼운 굳은살은 벗겨내는 필링크림 사용이 더욱 효과적이다. 심한 굳은살은 손잡이가 있는 퓨미스 스톤을 사용함으로 가장 잘 제거될 수도 있다. 퓨미스 스톤을 사용할 때는 부드럽게 표면 위를 회전하는 동작으로 진행해야한다. 너무 거칠게 문지르는 것은 상처를 낼 수도 있다.

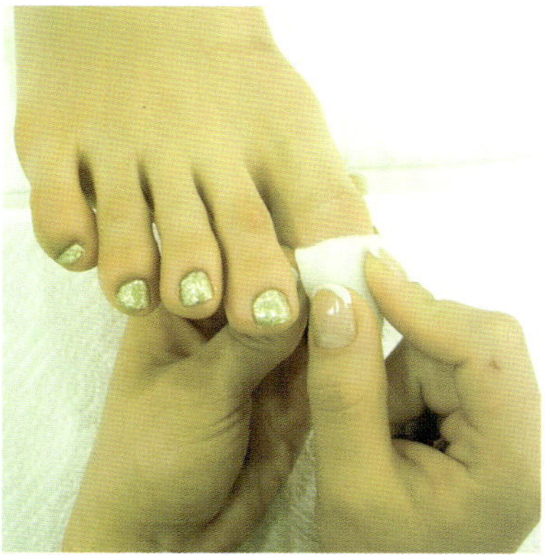

Step 2.

발을 깨끗이 닦고, 기존의 폴리쉬를 리무버로 닦아낸다.

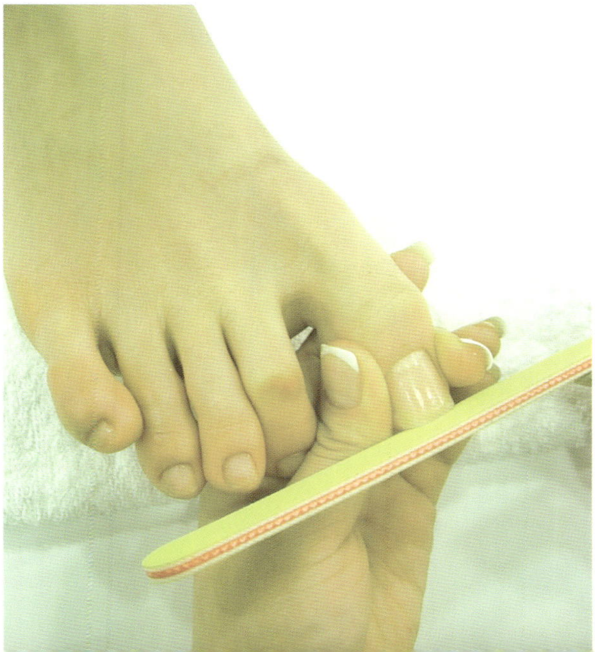

Step 3. 모양 잡기(Shaping)

클리퍼를 가지고 발톱을 스트레이트로 자른다. 인그론(ingrown) 발톱을 방지하기 위해서 약간의 프리에지(free-edge) 부분을 남기면서 가볍게 사이드를 굴려준다. 클리퍼를 사용할 때는 피부를 실수로 집는 것을 방지하기 위해서 항상 피부를 뒤로 밀어내는 것을 확실히 한다. 그런 다음 화일을 하고 테두리를 부드럽게 갈아낸다.

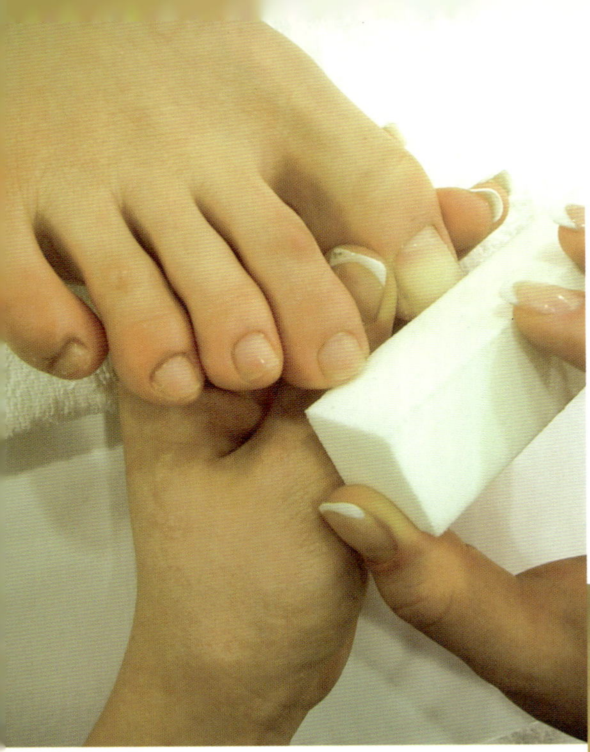

Step 4. 표면 버핑

발톱의 표면 위의 굴곡이나 움푹 패인 곳을 샌딩블럭을 사용해서 가볍게 표면 위를 갈아준다. 특별히 새끼발톱의 경우에는 중간 거칠기의 화일을 사용해서 적절한 두께를 갈아내어 준다.

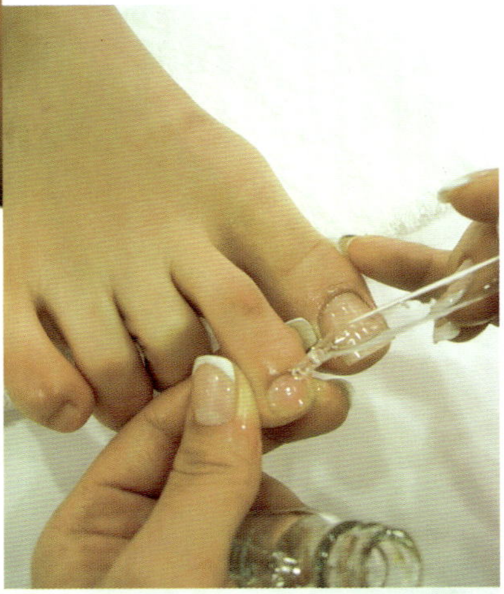

Step 5. 큐티클

모든 큐티클 부분에 큐티클 크림을 바르고 마사지한다. 네일 스톤이나 오렌지우드스틱을 가지고 부드럽게 큐티클을 밀어 올린다. 동시에 손톱 표면 글루브의 죽은 각질을 제거한다. 니퍼로 다시 한번 깨끗이 정리하고 큐티클부위를 안티셉틱으로 소독한다.

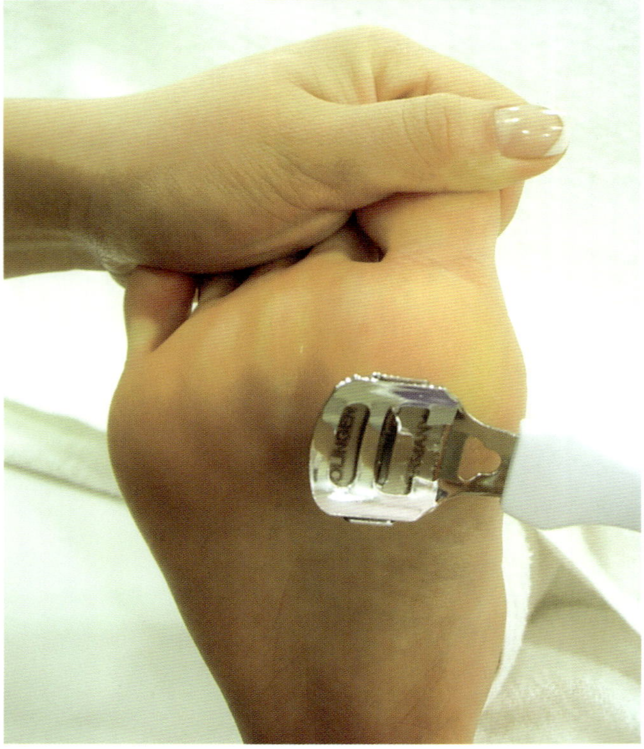

Step 6. 굳은살 제거

발바닥의 굳은살을 콘커터를 사용해서 조심스럽게 제거한 후 패디 화일에 패디 스크럽 크림을 바르고 부드럽게 마사지하듯 문질러 준다.

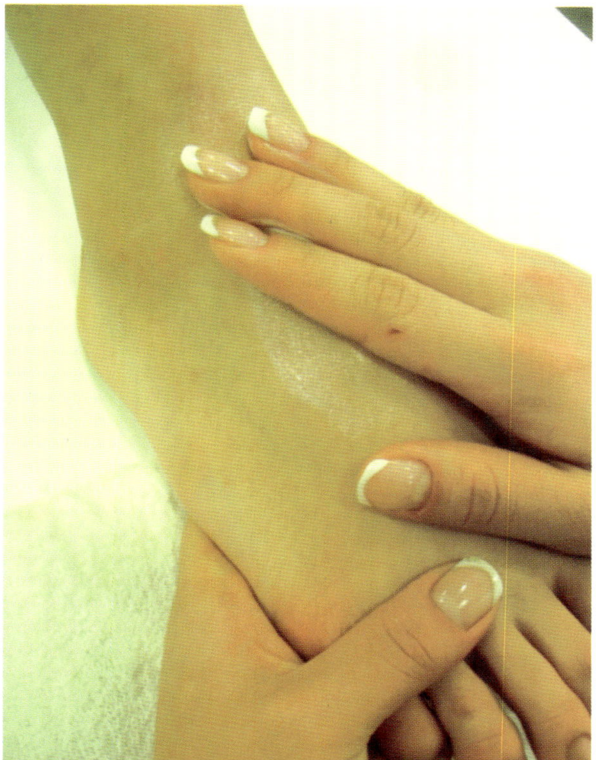

Step 7. 마사지

물로 깨끗이 씻고 소독한 후 로션으로 마사지한다. 이때 발의 지압점을 찾아 눌러주면 피로감도 풀리고 혈액 순환이 좋아진다. 발뒤꿈치 주변이나 모든 굳은살 부위의 건조 부분은 특별히 신경 쓰도록 하며, 발가락 사이에 로션이 끼는 것을 피하도록 한다. 이 여분의 로션은 세균을 번식시킨다.

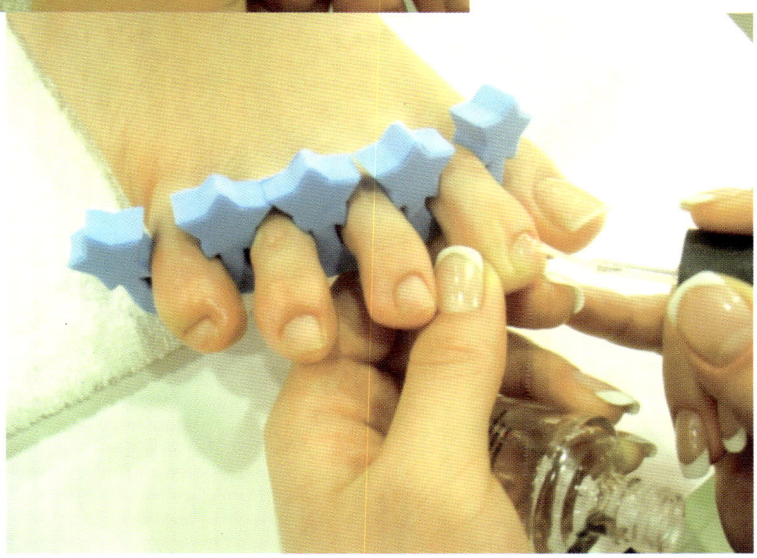

Step 8. 클렌징

토우세퍼레이터를 끼우고 오렌지우드스틱을 솜을 감아 안티세틱에 적셔서 발톱 주변을 닦는다. 특별히 큐티클 주위, 네일 글루브 그리고 프리엣지 아래 부분, 찌꺼기를 닦아내고 곰팡이를 자라게 하는 세균과 박테리아를 죽인다. 발가락 사이도 잊지 않는다. 베이스코트를 바르고 컬러 시술을 한다.

7 … 남성을 위한 손질법

1. 매니큐어 기본 절차

2. 패디큐어

3. 12살 이하 어린이를 위한 매니큐어

7장 남성을 위한 손질법

남성에게 있어 네일 케어는 습관의 문제이다. 기본적인 남성의 매니큐어는 다음과 같은 3가지 예외적인 사항을 제외하고는 여성의 것과 매우 비슷하다.

손톱의 길이는 하얀 '프리엣지'가 아주 작은 양이 보일 정도로 짧게 한다. 남자가 긴 손톱을 가지고 있는 것보다 더욱 더 매력이 없는 것은 없다.

모양은(shape)은 항상 네일 베이스와 같은 모양을 하도록 한다. 아주 극히 적은 남성들은 다른 shape을 요청한다.

손톱을 부드러운 연마제가 포함된 샤미스 버퍼와 버핑 크림으로 손톱을 버프하라. 크림을 시술 후에 각 손톱마다 20번씩 버프한다. 휴식을 주는 핸드마사지로 마무리 한다.

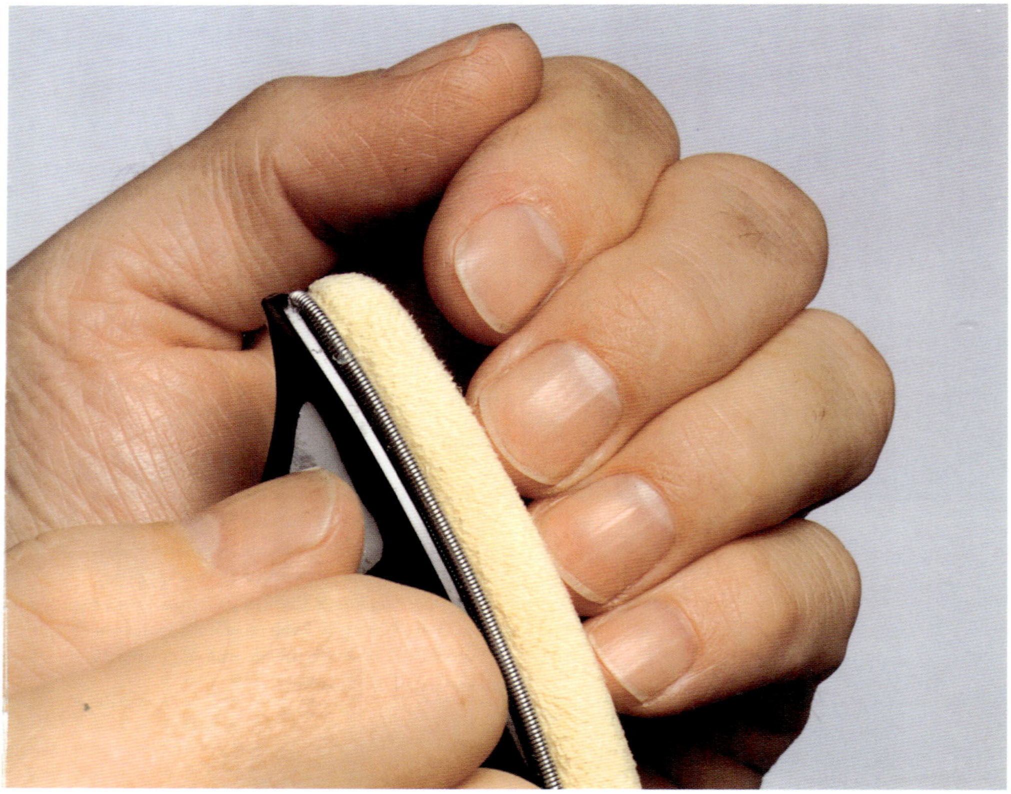

1. 매니큐어 기본 절차

Step 1. 클렌징
기존의 폴리쉬를 제거하고 손톱을 깨끗이 한다.

Step 2. 손톱의 모양 만들기
손톱을 가로 질러 자르고 가장자리를 가볍게 둥글게 해준다. 프리엣지는 대략 1/16인치 정도여야 한다. 그런 다음 화일로 클리퍼로 인해 생긴 각진 테두리를 부드럽게 화일한다. 가장자리에서 센터로 화일한다. 네일 베이스와 같이 둥글게 화일링 한다.

Step 3. 손톱에 브러쉬 하기
네일 브러쉬와 따뜻한 물과 비누를 가지고 부드럽게 손톱 주변을 스크럽한다. 브러쉬의 털은 더러움을 제거할 만큼 단단해야 하며 특히 큐티클 주위와 프리엣지 밑부분을 깨끗하게 해야 한다.

Step 4. 큐티클 정리
물기를 닦고 큐티클 리무버를 바른다. 오렌지 우드 스틱을 사용해서 손톱 주변의 큐티클을 밀어 올린다. 남성들은 여성에 비해 큐티클이 많은 편이므로 굳은살과 행네일은 꼼꼼하게 니퍼로 제거한다.

Step 5. 손톱 밑 청소
오렌지우드스틱에 솜을 감아 프리엣지 밑부분을 닦아준다.

Step 6. 손톱 표백
담배 연기에 손톱이 노랗게 변색된 상태라면 표백제로 표백한다.

Step 7. 손톱에 윤을 내기
각 손톱을 반드시 한쪽 방향으로 버프하도록 한다. 사이드 부분과 큐티클 주변도 확실하게 한다. 그렇지만 과도한 버프를 하지 않는다. 이것은 손톱을 건조시켜서 깨지는 원인을 제공한다. 만약에 손톱이 뜨거움을 느낀다면 너무나 과도하게 하고 있는 것이다. 버핑 크림을 사용하면 손쉽게 광택을 더해준다.

Step 8. 큐티클 오일 바르기
큐티클 주변에 바르고 마사지한다.

Step 9. 손과 팔 마사지
핸드 로션을 사용하여 즐거운 기분이 들도록 마사지한다.

Step 10. 손톱의 유분기 제거
리무버를 사용해서 손톱면의 유분기를 완전히 제거한다.

Step 11. 폴리쉬 바르기
고객이 원하면 베이스코트를 바르고 그 위에 탑코트를 시술한다. 노랗게 변색이 없는 제품을 선택한다.

2. 패디큐어

에머리 보드를 사용해서 발톱 위의 극히 두터운 부분을 부드럽게 갈아내도록 한다. 또한 발의 가장 거친 부분은 퓨미스 스톤을 사용해서 부드럽게 한다. 주의할 점은 절대로 발이 젖어있을 때 화일 하지 않는 것이다.

발톱은 스트레이트로 다듬는다. 인그론 네일을 막기 위해서 가장자리는 사선으로 자른다. 큐티클 리무버를 바르고 오렌지 우드스틱 또는 스톤 푸셔를 사용해서 큐티클을 밀어준다. 그리고 큐티클 오일을 바른다. 그런 다음에 굳은살이나 뒷꿈치 부분 등 건조한 부위에 모이스춰라이저를 바른다. 박테리아가 번식 할 수 있는 발가락 사이에는 특별히 여분이 남지 않도록 깨끗이 닦아낸다. 그런 다음에 특별히 땀을 심하게 흘린다면 발가락 사이를 안티셉틱으로 닦고, 발에 가벼운 풋 전용 파우더를 뿌린다.

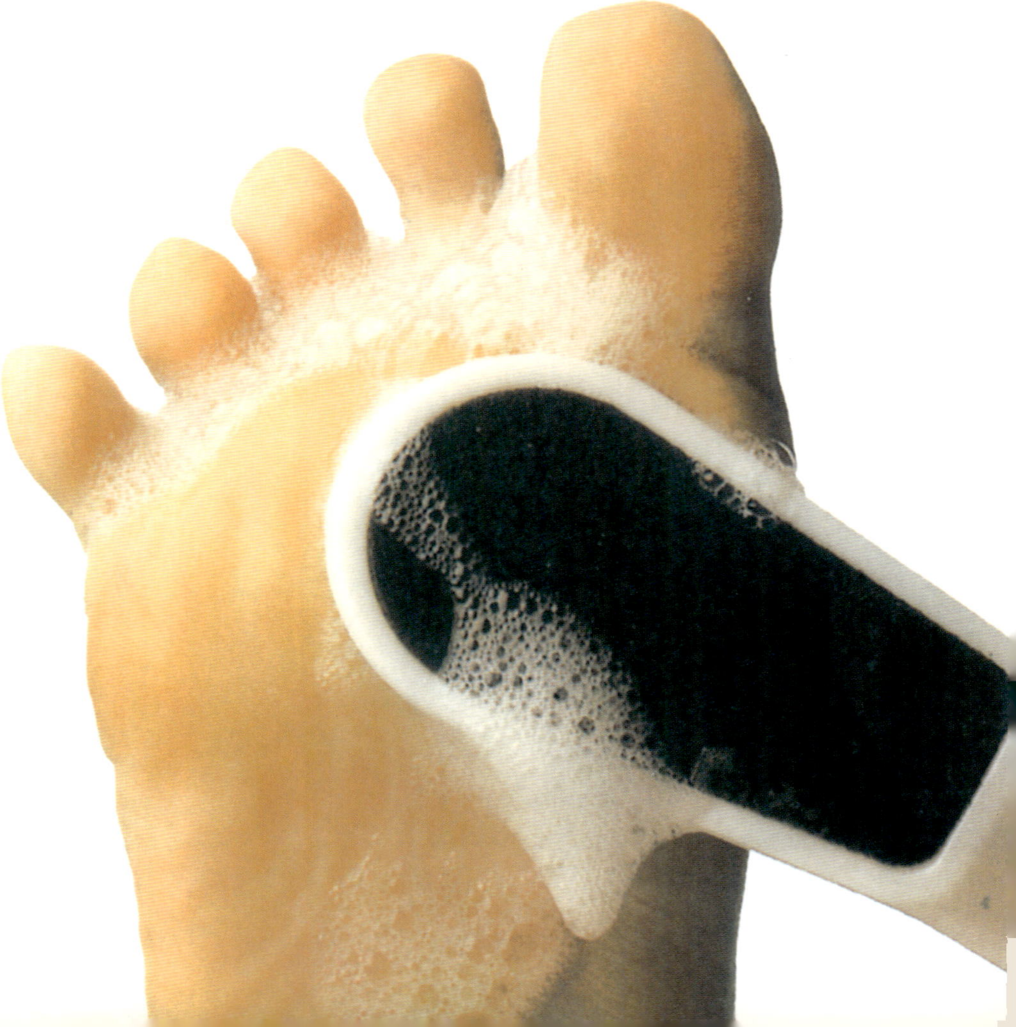

3. 12살 이하 어린 이를 위한 매니큐어

만약에 아이들이 얌전히 앉아 있을 수 있다면 일의 반은 성취한 셈이다. 아이들의 매니큐어는 큐티클 니퍼와 너무 거친 에모리 보드 사용을 금하는 것을 제외하고는 여성의 매니큐어와 비슷하다. 대신에 오직 아이들용 손톱가위와 특별히 부드러운 에모리 보드를 사용한다. 아이들의 작은 큐티클은 절대로 자르지 않는다. 또한 논아세톤 리무버를 사용해서 손톱을 보호하도록 한다. 만약 가능하다면 반짝이는 펄 칼라는 지우기 힘드므로 피하는 것이 좋다.

마지막으로 아이들의 손을 시술할 때는 언제나 조심스럽고 주의를 기울여서 해야 된다.

8 … 인조손톱의 기본

1. 완벽한 밸런스

2. 올바른 도구 사용법

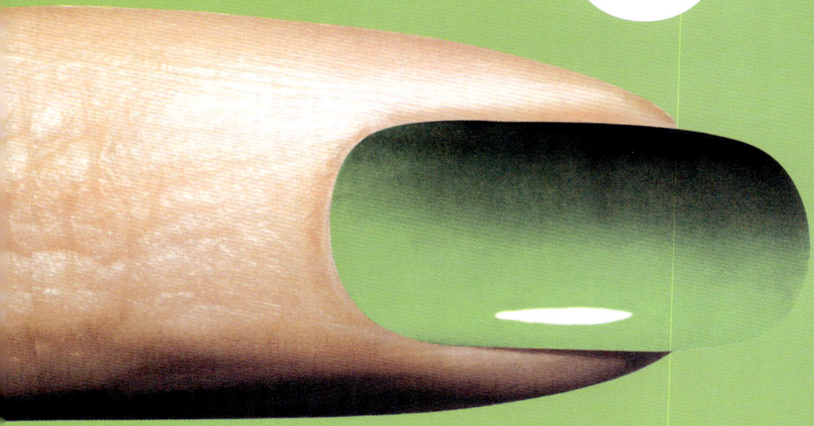

8장 인조손톱의 기본

1. 완벽한 밸런스(Perfact balance)

인조 손톱의 완벽한 모양을 결정하는데 중요한 부분을 차지하는 것은 손톱의 아치와 정점(apex), 스마일 라인, C커브와 적절한 팁의 길이이다.
인조 손톱의 조화와 균형은 또한 강도와 내구성에도 중요한 역할을 한다.

1) C커브(C-curve)

C커브는 손톱을 내려다 보았을 때 오목하고(concave) 볼록한(conpex) 모양을 말한다.
C커브의 정도는 팁 테두리(edge)부분의 실질적인 커브의 길이이다. 경연대회에서는 10개 손톱 모두 35~40% 정도의 C커브에 목표를 둔다. 이것은 전문가로서도 어렵다. 그리고 모든 손톱을 일관성 있게 유지하기란 더욱 어렵다. 살롱에서 손톱은 20~25% 정도의 C커브를 이루는 것이 일상적인 고객을 위해서 현실적이다. C커브는 사이드월(sidewall) 주변이 두껍지 않도록 모양을 내준다.

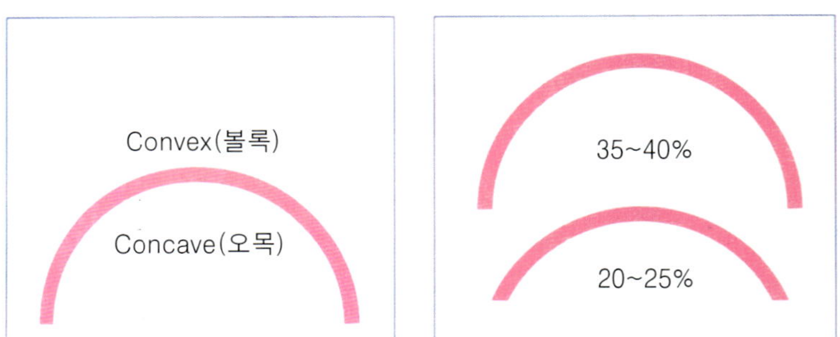

커브의 정도

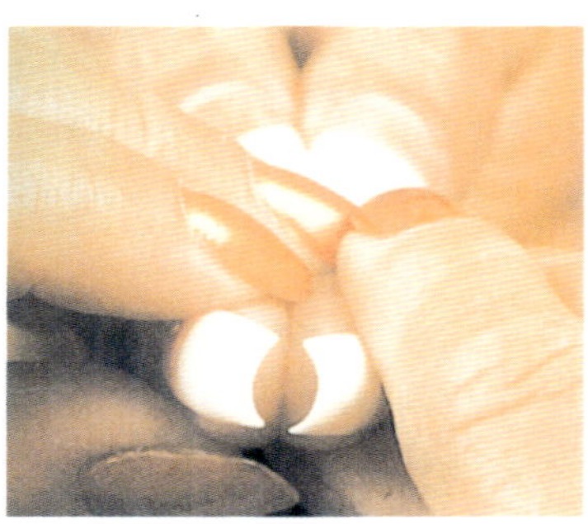
커브의 정도의 비교

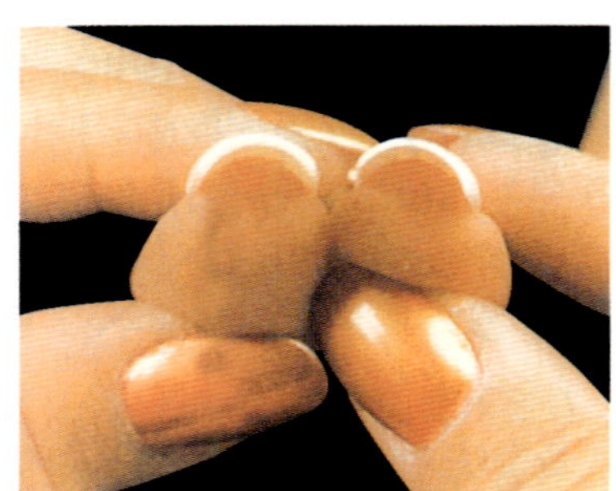
일정한 두께 비교

2) 아치(Arch)

아치는 측면에서 보았을 때 네일 베드 위의 가장 높은 점이며, 자연 손톱의 스트레스 포인트(네일 베드와 프리엣지가 자연적인 스마일 선을 함께 만드는곳 손톱의 가장 약한 부위)에 강도를 준다. 아치의 위치를 손톱에서 손톱까지 일관성 있게 유지시킨다는 것은 중요하다.

경연대회에서의 경향은 큐티클에 좀더 가깝게 아치를 만든다. 이것은 기술적으로는 부정확하지만 손톱이 더 길게 자라면 보기 좋은 모양이 된다.

필(fill)을 할때 너무 많은 재료를 채워서 큐티클 부분 가까이 아치의 높은 부분을 만들지 않도록 한다. 손톱을 화일링하고 조정한 후 손톱의 모양(shape)을 체크함으로써 이런 실수를 시정할 수 있다. 손을 적당한 위치에 고정시키고 측면에서 손톱을 관찰할 수 있다. 동시에 모든 아치의 위치를 비교하면서 당신이 어느 정도의 양을 시술해야 하는지를 알 수 있다.

아취, 아치의 위치 비교

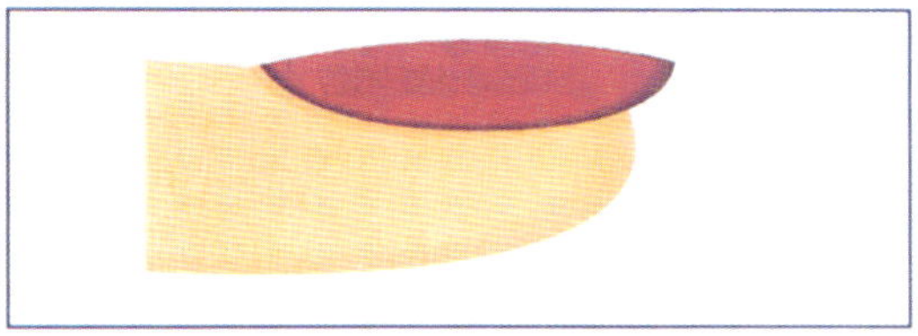

아치

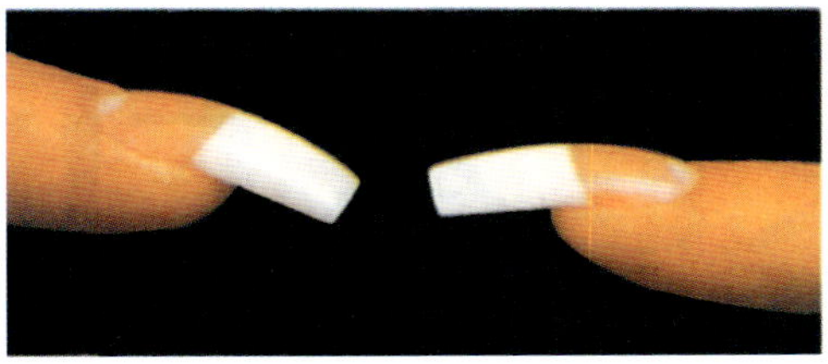

아치의 위치 비교

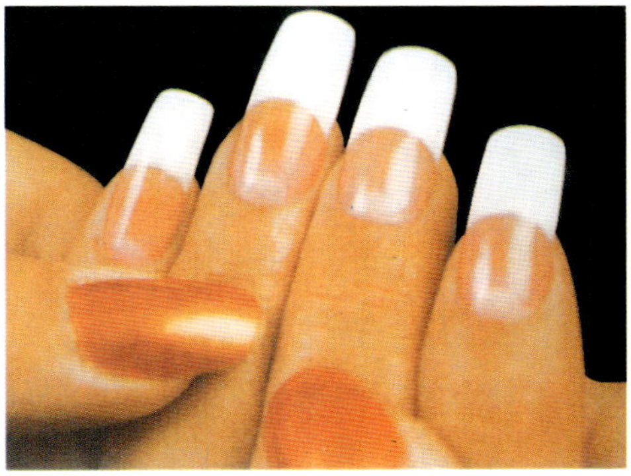

고객의 위치에서 보는 각도

3) 정점(Apex)

손톱의 정점은 수평적이나 수직선 상으로 아치와 손톱의 중앙이 만나는 가장 높은 점이다. 이것은 손톱에 밸런스와 강도를 준다. 손톱 중앙의 C커브는 더욱 두꺼워야 하고 수직적인 투시에서 중심으로 모여 있고 이것은 손톱에 강도를 준다. 아치의 위치는 수평선상으로 강도를 준다. 중앙의 높이와 결합하여 아치는 손톱에 밸런스를 이룬다.

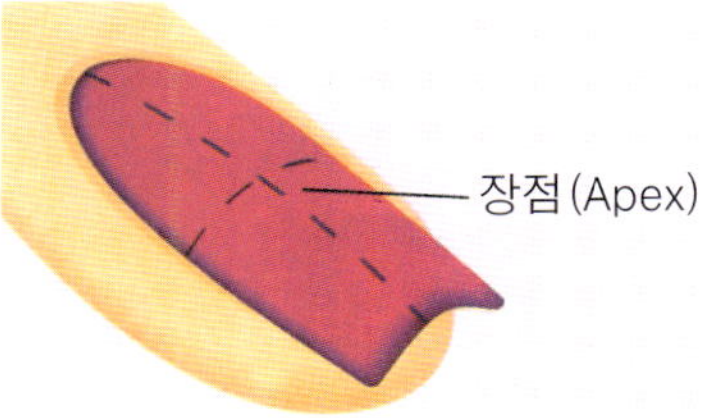

정점

4) 스마일 선과 화이트 팁

스마일선 모양은 큐티클의 모양을 반영해야 하고 C커브의 정도는 손톱에 조화와 균형을 준다. 너무 깊거나 평평한 스마일선은 균형을 깰 수 있다. 스마일선의 기본 법칙은 화이트팁이 핑크 네일 베드보다 더 길어서는 안된다는 것이다.

너무나 긴 화이트 팁은 외관의 불균형을 초래하고 대부분의 경우에 강도도 약해진다. 네일 베드의 사이즈(size)는 손톱의 길이를 결정한다. 짧은 네일 베드(nail bed)는 긴 프리엣지를 지탱할 수 없다. 네일 베드를 연장하는 몇 가지 방법이 있다.

그 방법 중 하나는 투명 팁을 사용함으로써 완벽하게 네일 베드의 길이를 연장 할 수 있다. 그런 다음 자연적인 스마일 선보다 더 낮게 아크릴릭 화이트 파우더를 놓고 클리어 대신에 네일 베드 대용으로 좋은 짙은 핑크 파우더를 사용한다. 또는 프렌치 화이트팁을 사용해서 자연 손톱의 가장 밑 부분에 시술해서 할 수 있는 한 프리엣지 부분을 늘려 본다. 만약에 아크릴릭 시술이 구조적으로 완전하다면 두 가지 방법 모두 강도는 걱정하지 않아도 된다.

좋은 헤어스타일이라면 얼굴과 잘 어울려야 하고 마찬가지로 손톱은 네일 베드와 손가락의 모양에 어울려야 한다. 손톱은 손의 부속물이며 손가락의 자연스러운 연장이다. 부자연스러운 길이의 연장은 피해야 한다.

C 커브, 스마일선, 화이트 팁 사이즈, 아치, 정점(apex)은 모두 밸런스를 나타낸다. 균형이 맞지 않는 손톱은 미용에서 아름다워 보이지 않으며, 망가지기 쉽고, 형편없는 디자인의 원인이 된다. 모양(shape)을 보는 눈매를 갖는 것은 하나의 재능이며, 우리는 모두 잠재력이 있으며 완벽한 밸런스를 성취하기 위해 조금 더 노력해야 한다.

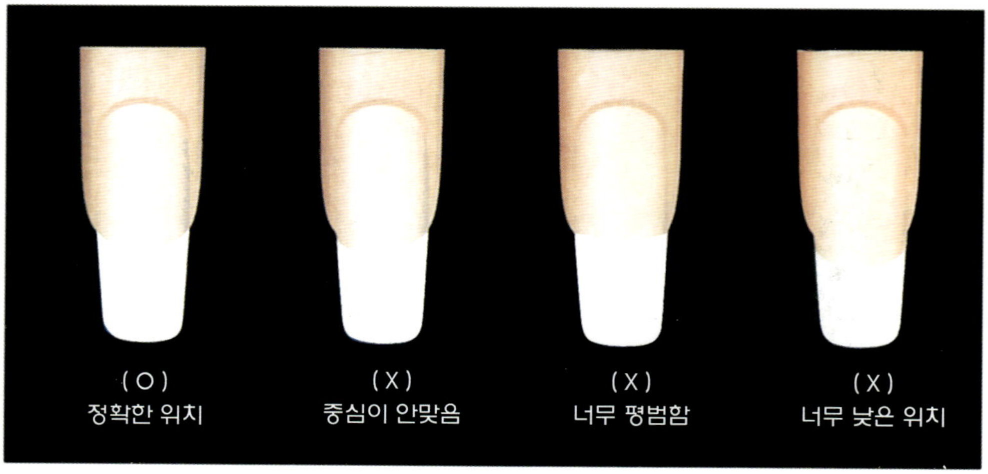

정확한 스마일선 위치

2. 올바른 도구 사용법

1) 화일(File)

화일은 그리트(grit)와 두께 뿐 아니라 길이와 모양도 마우 다양하다. 보통 화일의 평균 너비는 3/4인치이고 평균 길이는 7인치 정도이다. 네일 아티스트는 자신의 손에 잘 맞고 원하는 스타일에 따라 올바른 화일을 선택해야 한다.

(1) 핸드 화일 (Hand Files)

① 우드 화일 (Wood boards)

끝 부분이 둥글게 처리 되어 있다. 몇년 전에는 화일의 색상이 그리트(거칠기)를 표시 해왔지만 너무나 많은 색상과 패턴의 화일들이 등장함으로 색으로 그리트를 구별할 수는 없다.
우드 화일은 얇은 보드로 일반적으로 자연 손톱과 페디큐어에 사용된다. 우드 화일의 장점은 다른 일반적인 화일보다 더욱 얇아서 큐티클 주변을 정리하거나 좁은 공간을 화일할 때 사용하기 좋지만 위생처리 할 수 없다.

② 페이퍼 큐션 화일(Paper-cushioned file)

종이-큐션된 화일은 가장 대중적이다. 우드보드보다는 약간 더 두껍고 우드보드만큼의 거칠기를 가지고 있다. 종이, 큐션 화일과 3-way 화일은 위생처리 할 수 없다.

③ 위생 화일(Sanitizable files) - 위생처리할 수 있는 화일

위생 화일은 마일라(Mylar)와 플라스틱으로 만들어져 있으며, 물에 담갔을 때 물을 흡수하지 않는다. 위생 가능한 화일들은 여러 가지 모양(블럭을 포함해서)이 있으며 보통 약간의 큐션감이 있다. 화일을 위생 처리하기 위해서는 비누와 물과 나일론 네일 브러쉬를 사용해서 씻는다. 그런 다음, 소독제로 소독한다. 몇몇 위생 가능한 화일들은 안티 박테리아, 안티 펑거스 처리가 되어 있어서 살균제를 사용하지 않아도 된다. 알코올이나 물에 담그는 것만으로 다음 준비가 된다.

④ 블럭(Block)

화이트나 검정 블럭은 위생처리 할 수 없다. 오일의 사용은 검정이나 화이트 블럭의 그리트(grit)를 망치게 한다. 블럭의 다른 타입은 마일라(Mylar)로 만들어져 있으며, 이 블럭은 물에 강하고 위생 처리 할 수 있다.

⑤ **라운드 화일(Round files)**

이 화일은 플라스틱 손잡이와 뒷면에 다른 그리트(grit)로 접착력 있는 종이가 붙어 있다. 연마 면은 소독할 수 없고 사용 후 버리도록 한다.

⑥ **세라믹 화일(Ceramic files)**

소독 가능한 '마이크로-크리스탈' 화일들은 주로 큐티클 라인 부분의 테리지움을 제거하는데 쓰이며 손톱 밑을 깨끗이 할 때도 사용한다.

⑦ **샤미스 화일(Chamois files)**

샤미스 핸드 화일은 버핑 크림과 함께 사용되며 아름다운 광택을 제공한다. 위생 처리 할 수는 없지만 만약에 개인 고객 키트로 사용한다면 정기적으로 씻어줌으로써 위생처리 할 수 있다.

표 8-1. 여러가지 용도에 맞는 올바른 파일 선택법

서비스 파일	아크릴릭	필	백필	젤	화이버 글래스	자연손톱	패디큐어
80 그리트		전체모양잡기		너무 거칠어서 사용하기 부적합이다			
100 그리트	전체모양 잡기	큐티클 주변 다듬기	스마일선 만들기	부적합	부적합	×	×
150 그리트	선세하게 다듬기	섬세하게 다듬기	스마일선 만들기	부적합	부적합	×	×
180 그리트	선세하게 다듬기	선세하게 다듬기	스마일선 만들기	섬세하게 다듬기	섬세하게 다듬기	모양잡기	모양잡기
중간그리트 전기드릴비트 (10,00rpm 또는 그 이하)	섬세하게 다듬기	섬세하게 다듬기	스마일선 만들기	×	×		×
240 그리트	마무리	마무리	마무리	마무리	마무리	모양잡기	모양잡기
고온 그리트 전기드릴비트 (10,000rpm 또는 이하)	마무리	마무리	마무리	마무리	마무리	×	×
400+ 그리트	버프	버프	버프	버프	버프	버프	버프

표 8-1. 여러가지 용도에 맞는 올바른 파일 선택법(계속)

서비스 파일	아크릴릭	필	백필	젤	화이버 글래스	자연손톱	패디큐어
매우고운 그리트 전기드릴비트 (10,000rpm 또는 이하)	버프	버프	버프	버프	버프	×	×
둥근형 화일	모양잡기 및 손톱밑 청소	모양잡기 및 손톱밑 청소	모양잡기 및 손톱밑 청소	모양잡기 및 손톱밑 청소	모양잡기 및 손톱밑 청소	모양잡기 및 손톱밑 청소	모양잡기 및 손톱밑 청소
자연 손톱용 전기드릴비 (4,000rpm 또는 이하)	유분기 제거	준비	×	준비	표면 버프하기	표면 버프하기	표면 버프하기
버핑 화일	섬세하게 다듬기	×	섬세하게 다듬기	섬세하게 다듣기	섬세하게 다듬기	굴곡이 있는 손톱 버프하기	굴곡이 있는 손톱 버프하기
버핑 화일	부드러운 면 만들기	부드러운 면 만들기	부드러운 면 만들기	부드러운 면 만들기	부드러운 면 만들기	부드러운 면 만들기	부드러운 면 만들기
3way 블럭	광택이 있는 마무리	광택이 있는 마무리	광택이 있는 마무리	광택이 있는 마무리	광택이 있는 마무리	광택이 있는 마무리	광택이 있는 마무리
샤미스 버퍼	광택이 있는 마무리	광택이 있는 마무리	광택이 있는 마무리	광택이 있는 마무리	광택이 있는 마무리	광택이 있는 마무리	광택이 있는 마무리

2) 전기 드릴용 비트(Electric File bits)

(1) 비트란?

비트는 여러 가지 다양한 모양의 금속 형태로 되어 있다. 한쪽 면은 드릴 머신에 끼워서 꼭 맞도록 되어 있고 반대쪽은 여러가지 타입의 연마면을 가지고 있다. 다음 소개되는 2가지가 일반적으로 가장 많이 쓰이는 타입이다.

① 다이아몬드 비트

작은 다이아몬드 조각들이 금속폼에 붙어있는 형태이다. 다이아몬드 조각들의 크기는 그리트(grit)–거칠기를 결정한다. 그것은 Extra fine, fine, medidum, coarse로 구성되어있다. 다이아몬드는 인간에게 가장 단단한 천연광물로 알려져 있다. 그래서 다이아몬드 비트는 효율적이며 오래 유지된다.

② 카바이트 비트

여러 가지 다른 사이즈와 홈이 파진 금속으로 만들어져 있다. 감자 껍질을 깎아내는 것처럼 손톱 표면을 날카로운 테두리로 갈아낸다. 몇몇 카바이트 비트는 손톱에 잘 접착시켜서 비트가 오른쪽으로 돌거나 왼쪽으로 회전하던간에 손톱의 표면을 잘 커팅한다. 이것은 왼쪽잡이 테크닉션에게 효과적으로 사용할 수 있다.

카바이드는 grit의 단위로 나누어지는 것은 아니며, 숫자들과 표면 위를 자르는 테두리와 타입에 따라 구분된다. 일반적으로 카바이드는 다른 연마제 보다 더 거칠어서 사용법이 익숙해지면 마무리 작업의 속도를 향상시킬 수 있다.

③ 샌더 밴드(Sander bands)

이 비트는 금속형 막대에 끼워서 사용하며 보통 우드 화일에서 사용되는 같은 재질로 만들어져 있다. 이것들은 위생처리 할 수 없고 한 고객 이상 사용 되어서는 안된다.

샌더 밴드는 fine, medium, coarse 그리트(grit)를 가지며 다른 타입의 비트보다 값싸지만 위생처리 할 수 없고 한 고객 이상 결코 사용할 수 없다. 일반적으로 모든 전기 화일 비트 중에서 가장 열이 오르는 경향이 있으며, 고객이 뜨거움을 느끼지 않도록 조심해야 한다.

④ **샤미스 버퍼(Chamois buffers)**

부드러운 가죽으로 만들어진 샤미스 버퍼 비트는 버핑 크림과 같이 사용되며 손톱에 아름다운 광택을 준다. 샤미스 핸드 화일에서와 마찬가지로 위생 처리 할 수 없지만 개인적인 고객 키트는 씻어서 사용한다. 자연적인 재료인 샤미스나 솜과 같은 비트를 사용할 때는 열이 빨리 발생하는 경향이 있으므로 조심해야 한다.

(2) 비트의 모양

오늘날 사용되는 비트 모양은 원래 치과 산업용을 위해 개발된 것이다(틀니를 모양내고 부드럽게 하기 위해서). 해를 거듭할수록 네일 산업에서 그것들 중 몇 개를 개량해서 매우 효율적인 새로운 버전을 창조했다.

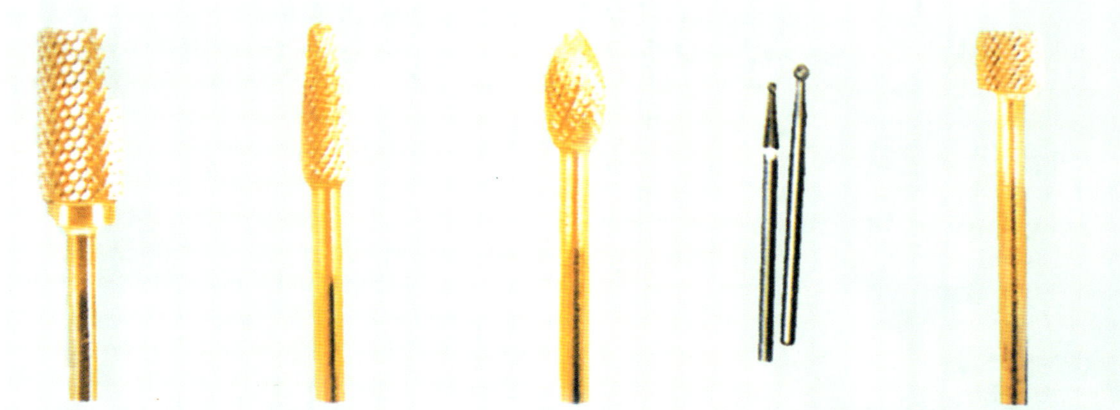

① 원통형 ② 원뿔형 ③ 풋볼형 ④ 버블 비트 ⑤ 백필 비트

① **원통형(Barrel-shaped)**

기본적인 모양이다. 원통 모양이기 보다는 실질적으로 실린더에 가깝다. 매우 고은(extra fine), 고은(fine), 중간(medium), 거친(coarse), 그리트(grit)를 가지고 있고, 다이아몬드, 카바이트, 사파이어, 그리고 샌더 비트도 또한 원통 모양이다.

원통형 비트는 전체적으로 손톱 윗부분의 모양을 완벽히 잡아주고, 테두리를 마무리하고 손톱 밑을 다듬는데 쓰인다. 큐티클 부위에 사용할 때는 손톱 면에 평평하게 유지되도록 주의해야 한다. 테두리가 자연 손톱으로 파고 들어가지 않도록 하며, 이것은 종종 'Rings of fire'라고 부르는 깊은 홀의 원인이 된다.

② **원뿔형**(Cone-shaped)

원뿔형의 비트는 원래는 치과의사용으로 이를 드릴하기 위해 사용되었던 것이다. 원뿔은 한쪽 끝으로 거의 뾰족하게 가는 모양이다. 이것은 큐티클 주위를 작업하기가 더욱 쉽고, 고객이 뜯어 내거나 뜨는 원인이 되는 손톱 글루브의 아래 사이드를 깨끗이 하고 부드럽게 하는데 효율적이다. 원뿔형은 또한 여러 가지 그리트(grit)로 이용할 수 있다.

③ **풋볼형**(Football-shaped)

이 비트는 인기 있는 스포츠에서 사용되는 축구공(pigskin ball)모양에서 이름을 얻었다. 양끝으로 갈수록 좁아지는 모양으로 주로 큐티클 주변을 다듬거나 손톱 밑을 깨끗이 하는데 사용한다. 그러나 손톱 표면 위쪽은 사용할 수 없다. 풋볼형 비트는 또한 여러 다른 재질과 그리트(grit)로 사용 가능하다.

④ **버블 비트**(Bubble bit)

버블 비트는 끝 부분에 동그란 볼을 가진 곧고 가느다란 모양이다. 이 비트는 여러 가지 사이즈를 가지며 주로 남아있는 아크릴릭을 건드리지 않고 손톱의 사이드와 중심 부위의 들뜬 아크릴릭을 제거하는데 사용된다. 버블 비트는 또한 카바이트와 다이아몬드 버전이 있다.

⑤ **백필 비트**(Backfill-bit)

매우 다양하며 대부분은 여러 가지 길이와 직경의 원통형 비트를 심플하고 짧게 만든 스타일이다. 카바이드와 다이아몬드형으로 나오며 핑크/화이트의 아크릴릭 스컬처 백필 중 스마일선을 자르는데 사용된다. 원통형의 비트도 같은 목적으로 쓰이지만 백필 비트가 일을 더욱 쉽게 만들어 준다. 새로운 다이아몬드 모양은 네일 테크닉션 '리자'에 의해 몇 년 전에 디자인되었다. 다이아몬드 모양의 비트는 테두리 부분의 가운데(enter)부분을 사용한다. 이것은 비트를 일정한 컷(cut)을 위해 올바른 각도를 유지할 필요가 없다는 것을 의미한다.

덧붙여서 이런 기본적인 비트 모양 외에 특별한 비트를 볼수 있다. 가령 보석류 비트는 손톱 보석 장식류를 붙이기 전에 조그마한 구멍을 드릴 할 때 쓰인다. etchers(부식)는 필을 하는 동안의 준비시간을 단축하기 위해 고안된 카바이드 비트이다. skivers(연마류) 큐티클 부위를 다듬는데 쓰는 반구형이다.

(3) 간단한 드릴 테크닉

· 손톱의 길이를 줄인다.
프리엣지로부터 시작하며 사이드에서 사이드로 대략 3번쯤 갈아낸다.

· 너무 많이 올려진 아크릴릭 손톱을 갈아내고 C커브를 다시 다듬는다.
드릴을 손톱 면에 수평을 유지하고 월에서 월까지 다듬고, 큐티클에서 프리엣지까지 진행한다. 이때 들떠 있는 아크릴릭을 제거한다.

· 큐티클 선을 다듬는다.
느린 RPM으로 가능한 큐티클에 가깝게 비트를 사용하지만 자연 손톱에 닿지 않도록 주의한다.

· 손톱 밑을 청소한다.
프리엣지의 밑에 비트를 놓고 사이드에서 사이드로 깨끗해 질때까지 대략 4~5번 갈아낸다.

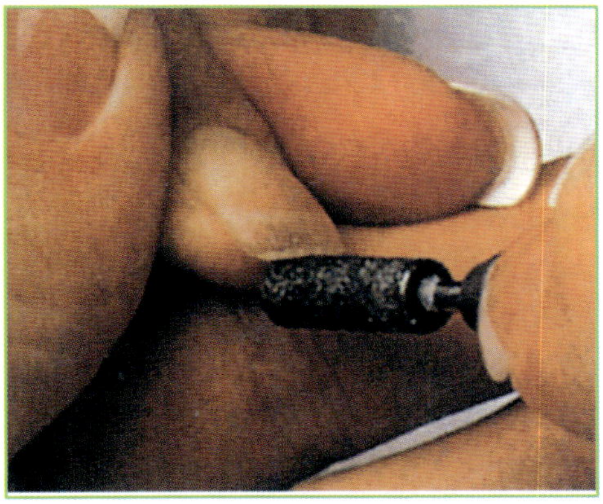

손톱길이 줄이기

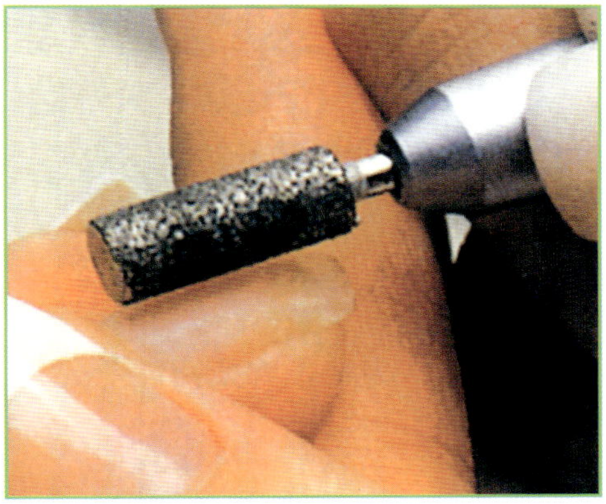

C커브 다듬기

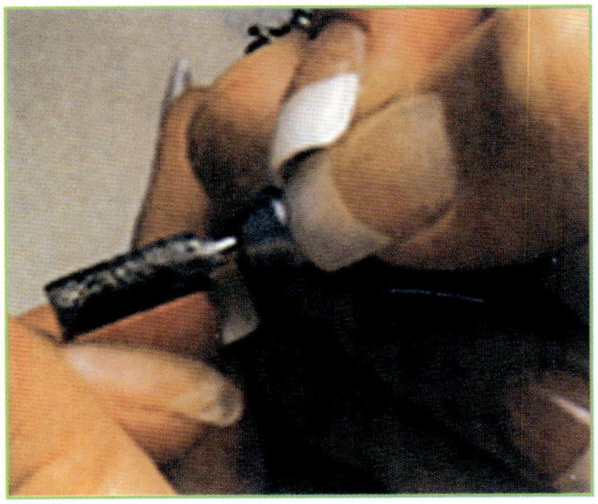

큐티클선 다듬기

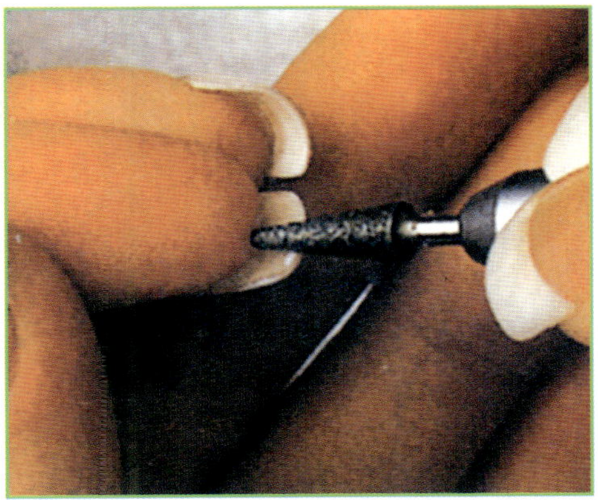

손톱 및 청소

(4) 유지(Maintenance tips)

비트는 최상의 효율성을 유지시키기 위해서는 각각의 사용 후에 깨끗이 청소되어야 한다. 비트를 사용할 때 아크릴릭이 다이아몬드의 조각 사이나 카바이드의 홈 속에 들러붙고 결국에는 비트 연마면의 효력이 감소되기 시작할 것이고 손톱 면에 열을 내는 원인을 가중시킨다. 그러므로 비트는 철망으로 된 브러쉬로 깨끗이 털어내고 정기적으로 아세톤에 담가서 유지시킨다. 비트는 피부를 상하게 할 위험을 항상 가지고 있기 때문에 특별히 그것들을 소독하는 것이 중요하다. 비트를 비누와 물을 깨끗이 하고 일정한 시간 동안 소독액에 담가 놓는다. 그리고 비트를 린스하고 완전히 물기를 말린다. 다음 사용 때까지 그것들을 봉해진 콘테이너에 담는다.

올바른 유지와 함께 한다면 대부분의 비트는 오랜시간 동안 지속되며 얼마나 오래 가느냐 하는 것은 주로 얼마나 오랫동안 비트를 사용했는가에 달려있다. 만약에 당신이 드릴을 정기적으로 사용한다면 좋은 품질의 비트를 구입하는 것이 가장 경제적인 감각이다. 언제나 스텐레스 스틱 손잡이와 카바이드와 다이아몬드 비트인지 살펴보아라. 인공 다이아몬드 보다는 천연 다이아몬드 비트인지 살펴보고 다이아몬드 조각들이 견고하며 비트 표면에 한결같이 붙어있는지 체크한다.

새로운 비트는 고객에게 시도하기 전에 아크릴릭릭 또는 자신의 손톱에 테스트해 보아야 한다. 왜냐하면 날카로운 테두리로 자신도 모르게 커트(cut)를 할수 있기 때문이다. 새로운 비트를 사용할 때에는 너무나 전문적인 기술을 흉내내지 않도록 한다. 고객이 당신과 당신의 작업에 가장 편안한 느낌을 받도록 한다.

9 ··· 인조손톱의 응용과 기법

1. 네일 팁

2. 네일 랩

9장 인조손톱의 응용과 기법

1. 네일 팁(Nail tip)

1) 네일 팁(Nail tip)

손톱에 인조 팁을 붙임으로 손톱 길이를 연장하는 한 가지 방법이다. 팁은 여러 가지 종류의 모양(shape)과 사이즈, 길이를 가지고 있다. 가장 좋은 선택은 '활동적인 길이'이다. 인조 팁은 보기는 좋지만 매우 강하지는 않으므로 너무 길지 않도록 한다. 손톱길이가 짧을수록 더 오래 지속된다.

팁의 수명을 연장하는 또 한 가지 방법은 각 손톱에 랩을 첨가하는 것이다. 또한 팁 위에 스컵쳐된 아크릴릭 한 층을 시술함으로써 강도를 높일 수 있다. 이것은 손톱을 강하게 할 뿐 아니라 네일 폴리쉬가 들뜨는 것으로부터 방지해 준다.

2) 시술 방법

준비물

화일, 샌딩 블럭, 글루, 인조 팁, 팁 클리퍼

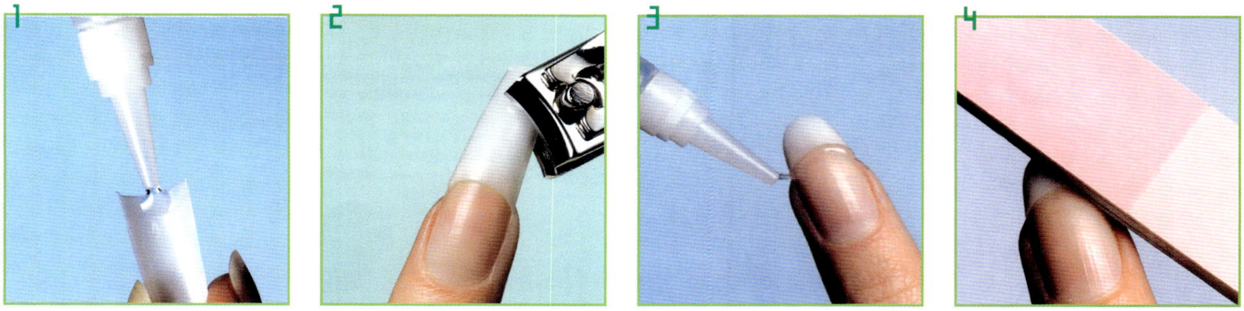

- 손톱 넓이에 맞는 인조 팁을 선택한다.
- 정확하게 맞는 팁을 찾을 수 없다면 조금 더 폭이 넓은 것을 선택해서 양 사이드를 화일링해서 완벽하게 맞도록 한다.
- 안티셉틱을 뿌려서 손톱면의 기름기를 제거하고 건조시켜서 접착력을 높도록 한다.
- 팁의 안쪽에 충분한 양의 글루를 바르고 45° 정도의 각도를 유지하면서 네일 베드와 수평으로 잘 맞도록 아래쪽으로 밀어 내린다. 그리고 10초간 고정시킨다(이때 자연 손톱과 인조 손톱 사이에 공기가 들어가지 않도록 한다. 이것은 습기가 차고 박테리아 성장을 돕는다).
- 팁과 손톱이 만나는 연결부위에 몇 방울의 글루를 바르고 마르게 한다.
- 원하는 길이로 네일 팁을 짧게 하기 위해서 큰 사이즈의 클리퍼로 손톱을 가로질러 스트레이트로 자른다.
- 원하는 모양 예를 들면 스퀘어, 오벌, 또는 라운드 도양으로 화일 한다. 가장 내츄럴한 모양은 가장자리가 라운드된 스퀘어이다.
- 자연 손톱과 팁이 만나는 연결 부위의 턱을 갈아서 자연 손톱과 같아 보이게 한다. 이 때 화일의 각도는 수평면을 유지하도록 해서 손톱에 홈이 파이거나 줄이 가지 않도록 한다.
- 완벽하게 부드러워 질 때까지 반복해서 버프한다.
- 연결 부위를 글루로 보강해서 강도를 준다.
- 다시 반복해서 버프하고 마무리한다(이 두과정을 랩시술이나 아크릴릭 시술에는 생략해도 좋다).
- 팁이 떨어지도록 퓨어 아세톤(pure acetone)에 담그거나 솜에 적셔 호일을 감는다. 이 과정은 대략 레귤러 팁은 20분 정도 소요되고 아크릴릭 오버레이는 45분 정도 소요한다.

3) 팁(tip)을 제거하는 법

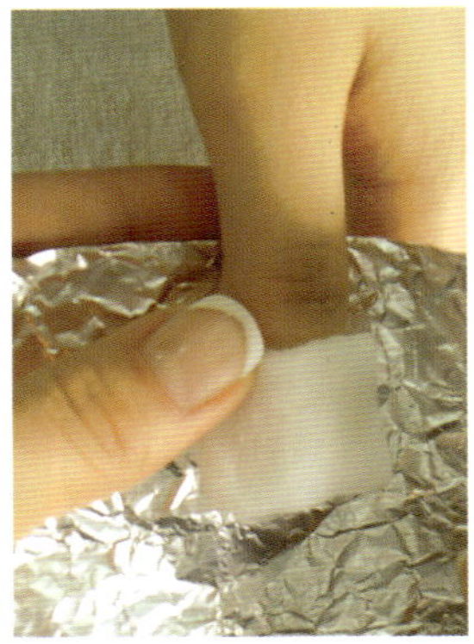

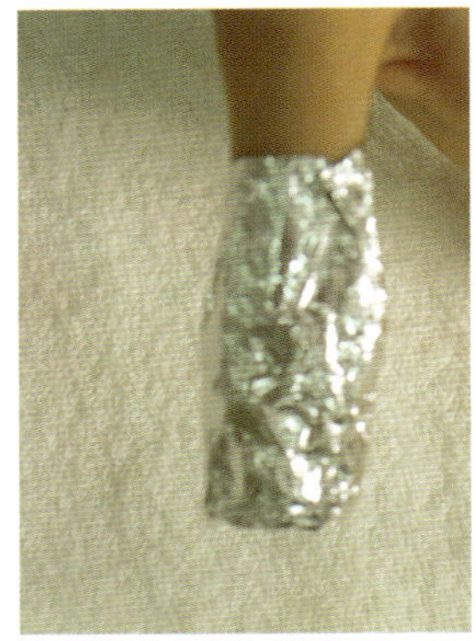

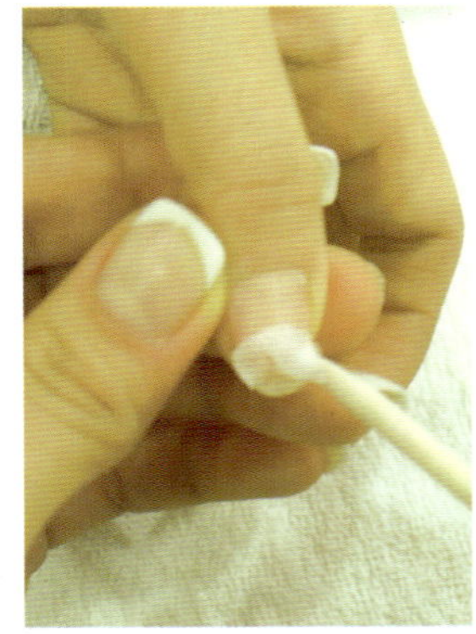

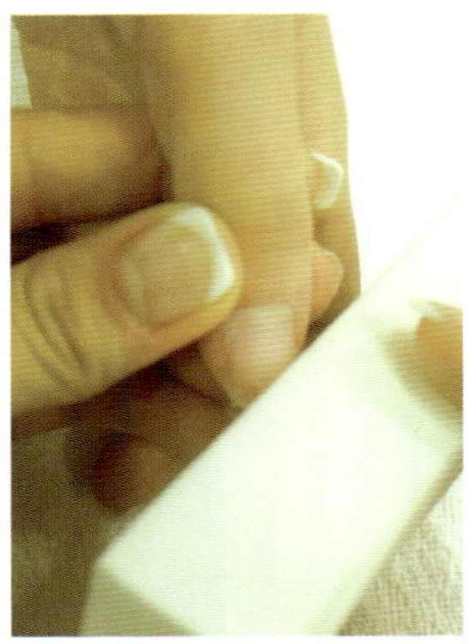

· 오렌지 우드 스틱을 사용해서 아래로 밀어 내리며 팁을 제거한다. 이때 절대로 힘을 주거나 무리해서 뜯지 않도록 한다.
· 손톱에 아주 가볍게 버핑해서 손톱에 남아있는 여분을 제거한다.
· 손톱을 깨끗이 씻고 매니큐어 과정과 큐티클 오일로 보습한다.
· 사용한 아세톤은 처리한다.

4) 팁을 빨리 붙이는 요령

팁에 글루를 바르기 전에 네일 플레이트에 액티베이터로 스프레이 한다. 팁과 손톱의 접착성이 좀더 빨라진다. 이것은 글루가 마르는 동안 팁을 잡고 있을 필요가 없도록 해서 시간을 단축시킨다.

2. 네일 랩(Nail Wraps)

1) 팁 위드 랩(Tip with Wraps)

손톱을 포장한다는 뜻으로 오버레이(overlays)라고도 부른다. 이것은 옷감이나 종이를 손톱 크기로 오려서 붙이는 것으로 표면이 약한 자연 손톱이나 인조 손톱에 강도를 높여준다.

Tip

실크와 화이버글래스와 린넨의 차이점

· 실크는 가장 부드럽고 얇다. 얇기 때문에 실제 적절히 시술했을 때 투명하게 보이며 화이버 글래스만큼 가볍고 부드럽다. 이것은 보통 접착력이 없이 사용되며, 실크 조직 때문에 다소 시술하기 어려운 점이 있다.

· 린넨은 좀더 거칠고 대중적이지 않다. 왜냐하면, 매우 두껍고 투박하기 때문에 투명해보이지 않는다. 반드시 색상이 있는 폴리쉬를 시술해야한다. 그러나 섬유소는 글루에 더욱 강함 힘을 제공한다.

· 화이버 글래스는 핑크와 화이트의 여러 가지 색조를 가진다. 그것은 항상 뒷면에 접착력이 있어서 더욱 효율적이다. 강하면서 사용하기 쉽고 적절히 시술했을 때 매우 아름답고 투명한 자연스러운 손톱을 만들 수 있다.

2) 시술 방법

준비물

훼브릭(fabric), 글루, 가위, 오렌지 우드 스틱, 샌딩 블럭, 화일, 글루드라이, 안티셉틱

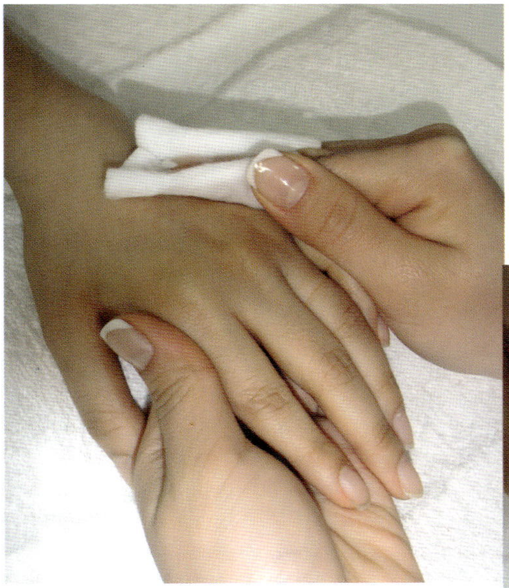

step 1. 손 소독하기

시술자와 고객의 손을 안티셉틱으로 소독한다.

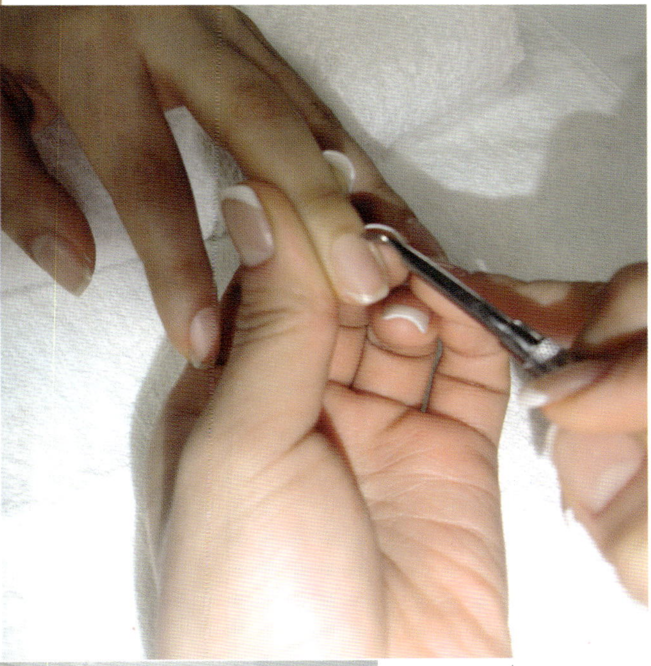

step 2. 큐티클 밀어 올리기

푸셔나 오렌지 우드 스틱을 사용해서 큐티클을 밀어 올린다.

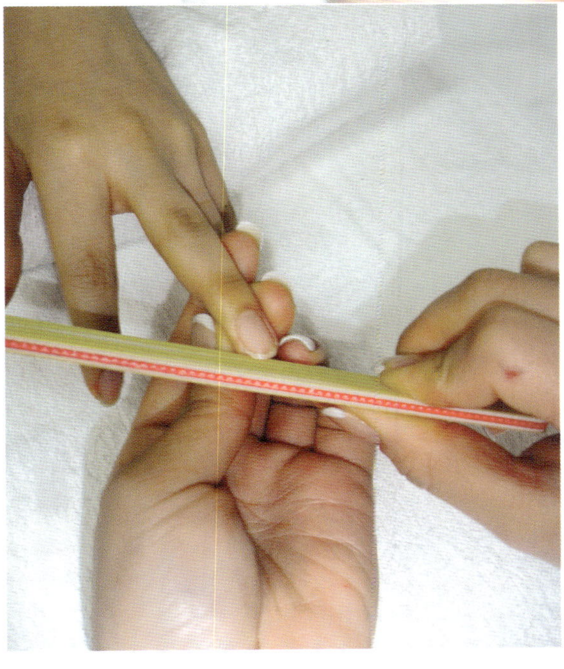

step 3. 손톱 모양 잡기

고객의 손톱을 라운드로 다듬는다.

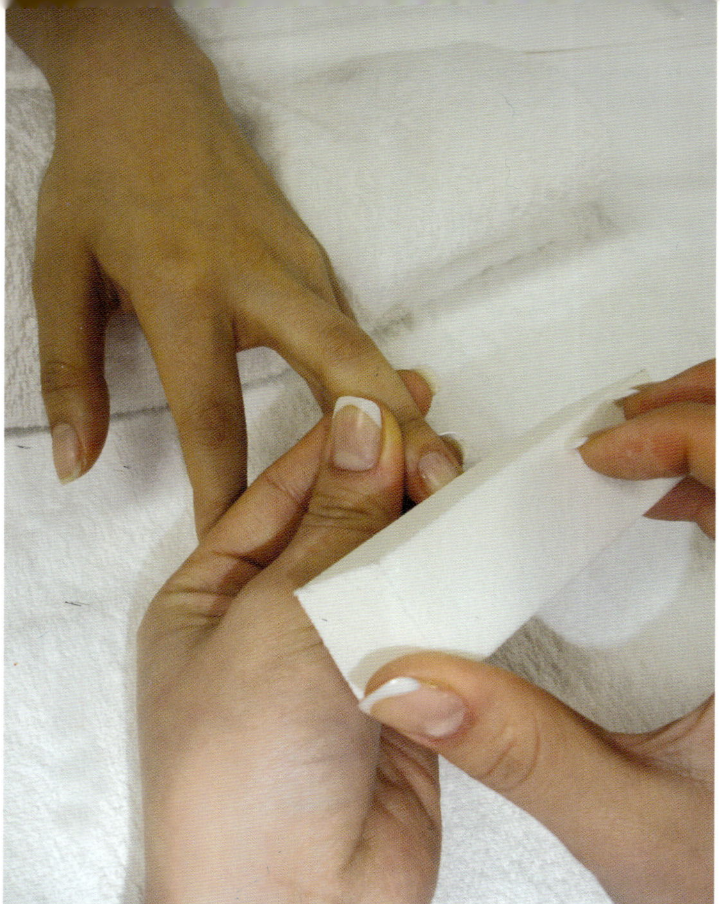

step 4. 손톱 표면 유분 정리

손톱 표면의 유분기를 샌딩 블럭을 사용해서 제거한다.

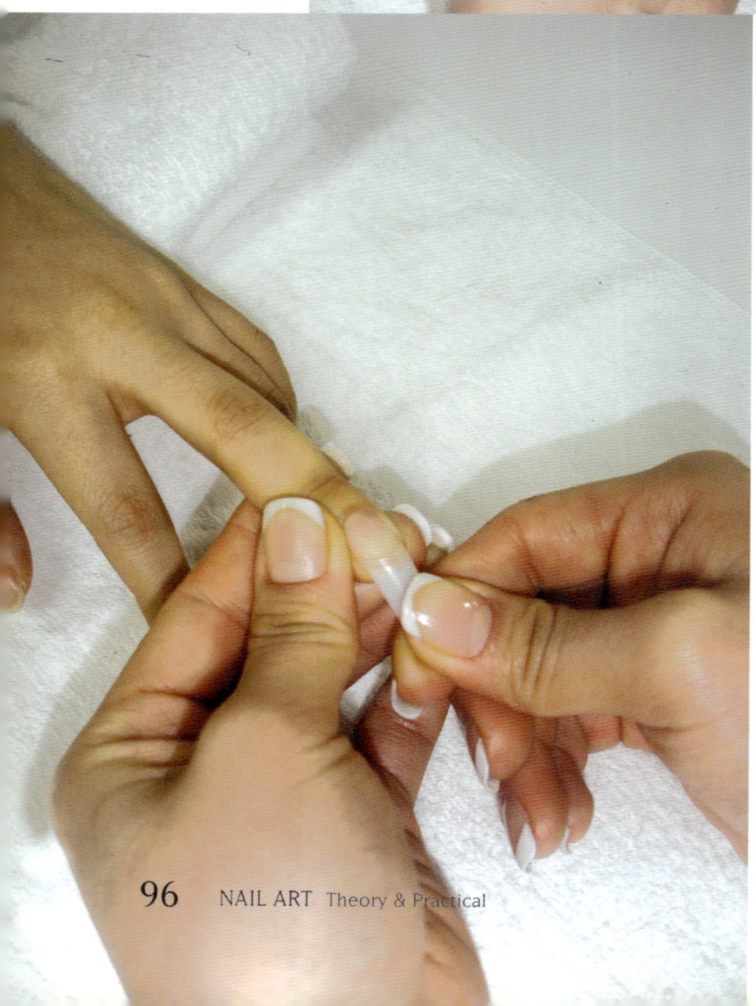

step 5. 팁 고르기

알맞은 사이즈의 팁을 고른 후 글루를 웰부분에 바른다.

step 6. 팁 접착하기

손톱 끝에 팁을 45° 각도로 밀착한 후 공기가 생기지 않도록 서서히 올리면서 접착한다.

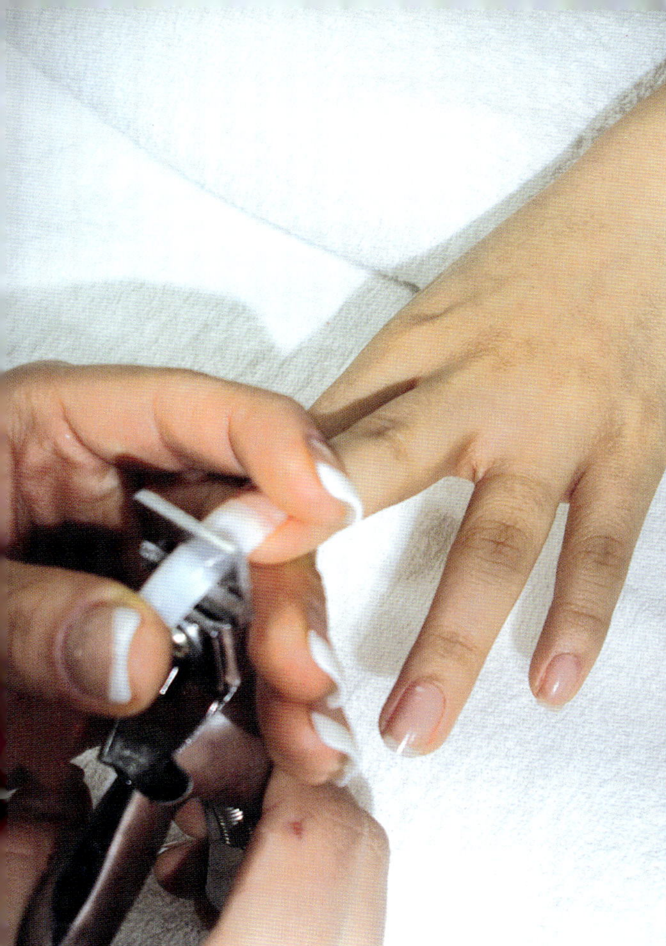

step 7. 팁 길이 정리하기

팁커터를 사용해 손톱의 길이를 자른다.

step 8. 팁 턱 제거

자연 손톱이 손상되지 않도록 조심스럽게 팁의 턱을 제거한다.

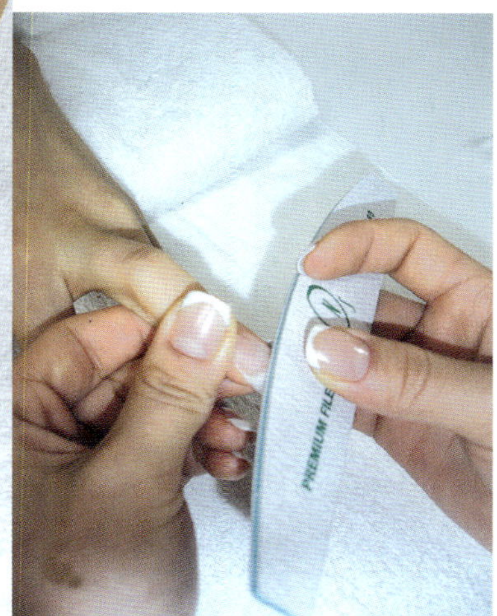

step 9. 글루, 필러파우더 사용하기

고객의 손톱 아취부분이 자연스럽지 못한 경우 시술한다.

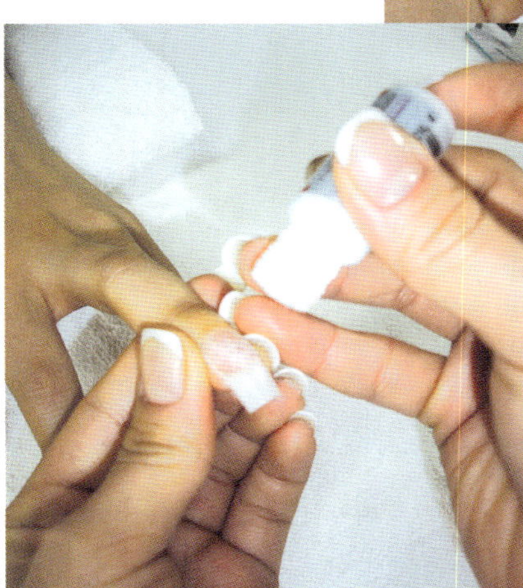

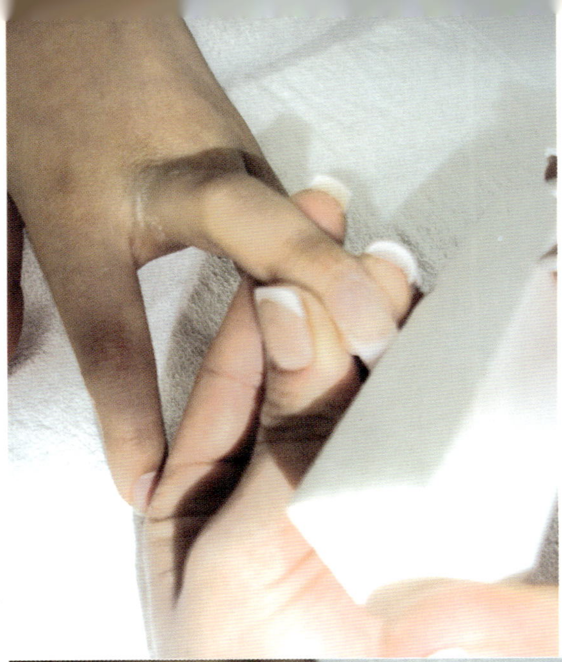

step 10. 표면화일 및 정리

파일을 사용해 필러가 뿌려진 표면을 갈고 샌딩블럭으로 표면을 매끈하게 한다.

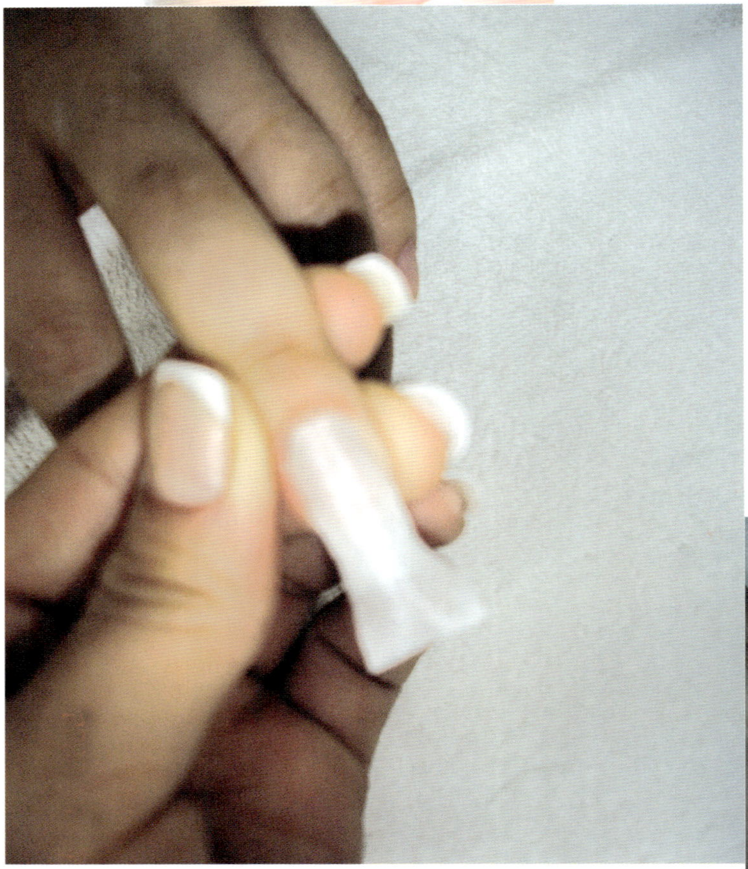

step 11. 실크 접착

실크는 큐티클에서 1~2mmm 떨어지고, 양사이드는 정확히 일치하도록 재단한 후 글루로 접착한다. 이때 글루가 큐티클 부위로 흘러들어가지 않도록 주의한다.

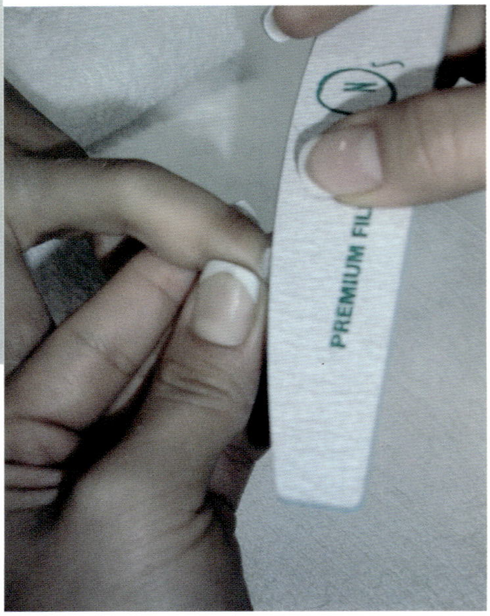

step 12. 실크턱 제거

파일을 시용해서 실크 턱을 제거한다.

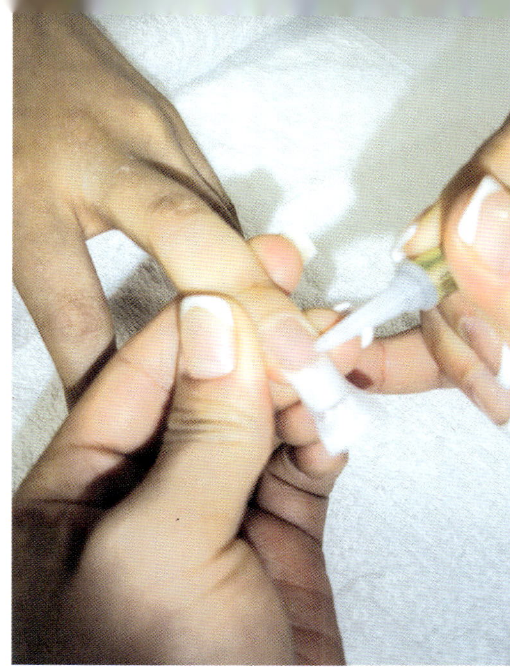

step 13. 글루 바르기

글루를 전체적으로 바른다. 특히 프리엣지 둘레를 잘 발라서 천이 들뜨지 않도록 한다.

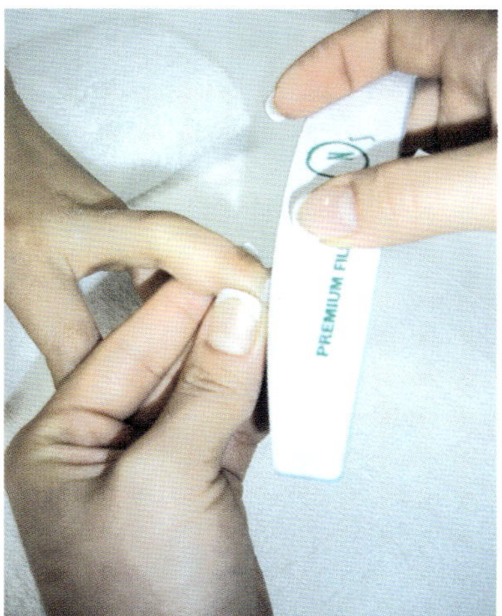

step 14. 표면정리

버퍼를 사용해 표면을 매끈하게 정리한다.

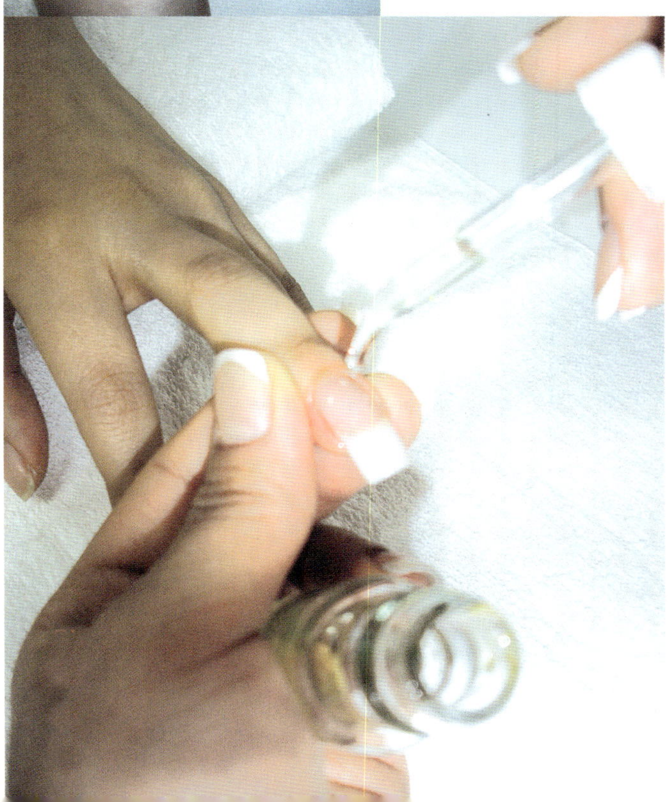

step 15. 광택내기

큐티클 주변에 오일을 바르고 가볍게 마사지 후 손톱을 반짝거리도록 버프한다.

3) 훼브릭(Fabrics)을 이용한 리페어(Repairs)

(1) 리페어(Repairs)

깨진 손톱을 고치는 방법은 네일 랩을 활용하는 것이다. 실크, 린넨, 화이버 글래스 등을 선택하고 작은 스퀘어 모양으로 자른다. 손톱의 깨진 위를 덮도록 충분히 크게 자르도록 한다. 언제나 모든 10개의 손가락을 작업할 때는 새끼손가락부터 시작한다.

(2) 방 법

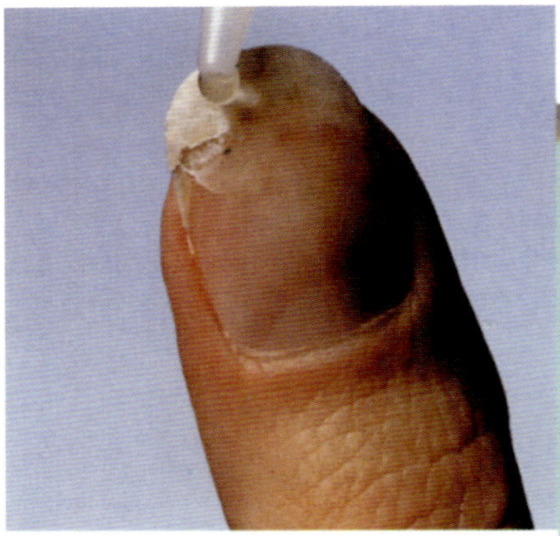

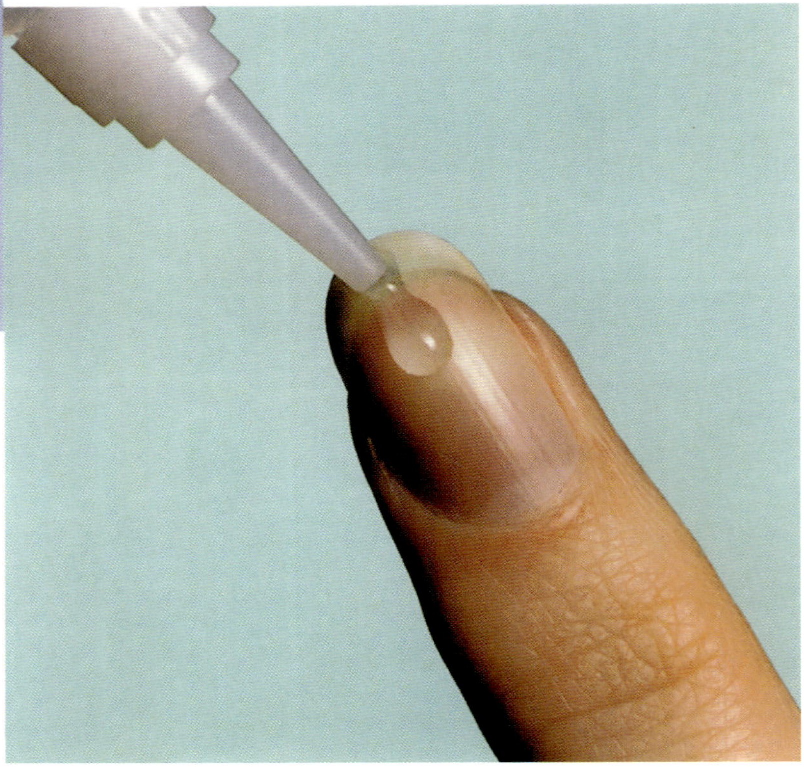

step 1. 손톱의 깨진 부위에 글루를 발라서 접착시킨다.

step 2. 손톱의 끝의 1/3 부위에 글루를 바른다. 너무 많은 글루를 바르지 않도록 매우 조심하고, 또한 큐티클 부위에 스며들지 않도록 한다.

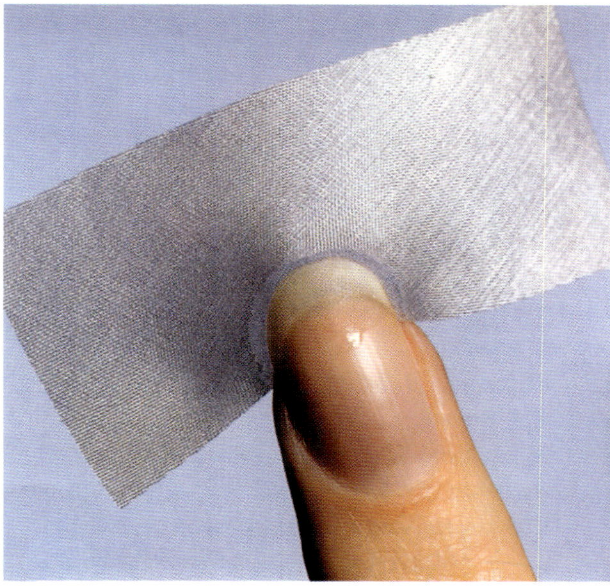

step 3. 천을 글루가 발라진 손톱의 1/3부분을 덮는다. 그리고 몇 초 동안 천을 아래로 잡고 있는다. 여분의 천이 손톱 주변과 손톱 밑에 붙지 않도록 주의한다.

step 4. 글루를 다시 한 번 랩한 손톱에 바르고, 단단히 마르면 여분의 실크를 화일해서 제거한다.

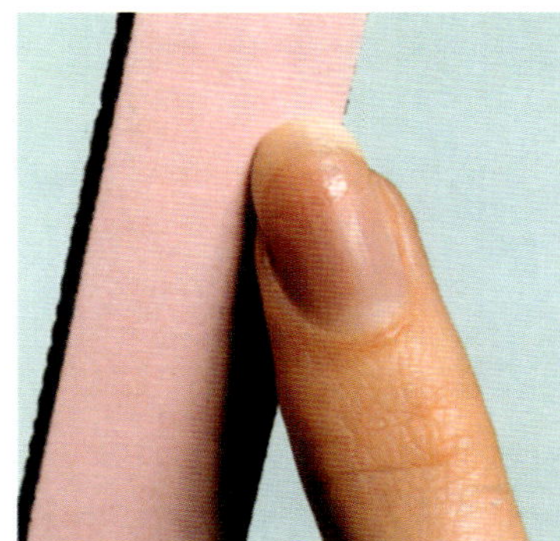

step 5. 화일와 샌딩블럭을 사용해서 부드러워질 때까지 버프한다.

step 6. 표면에 1~2방울의 글루를 바르고 말린다. 다시 완벽하게 부드러워질 때까지 버프한다.

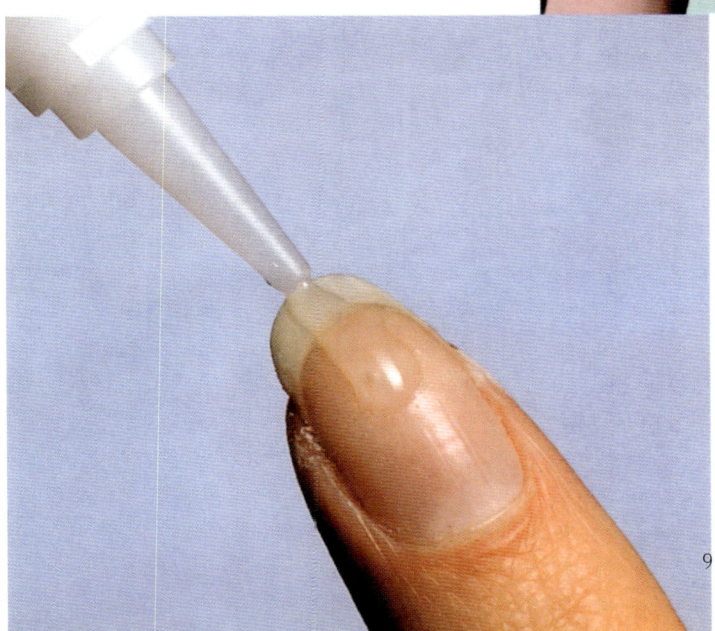

4) 실크 익스텐션 (Silk Extention)

자연 손톱에서 천으로 길이를 연장하는 방법으로 인조 손톱 시술보다 가볍고 견고하며 자연스러운 아름다움을 준다.

준비물
실크, 글루, 필러, 가위, 화일, 샌딩블럭, 버퍼, 네일 클리퍼

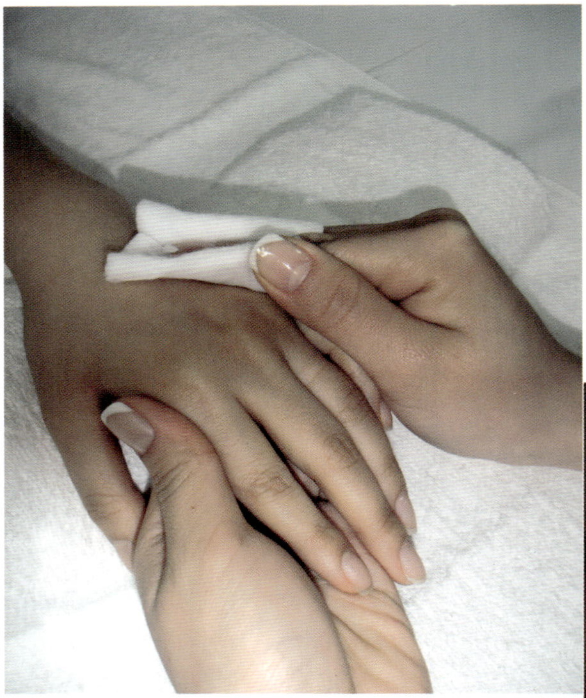

step 1. 손 소독하기

시술자 및 고객의 손을 안티셉틱으로 소독한다.

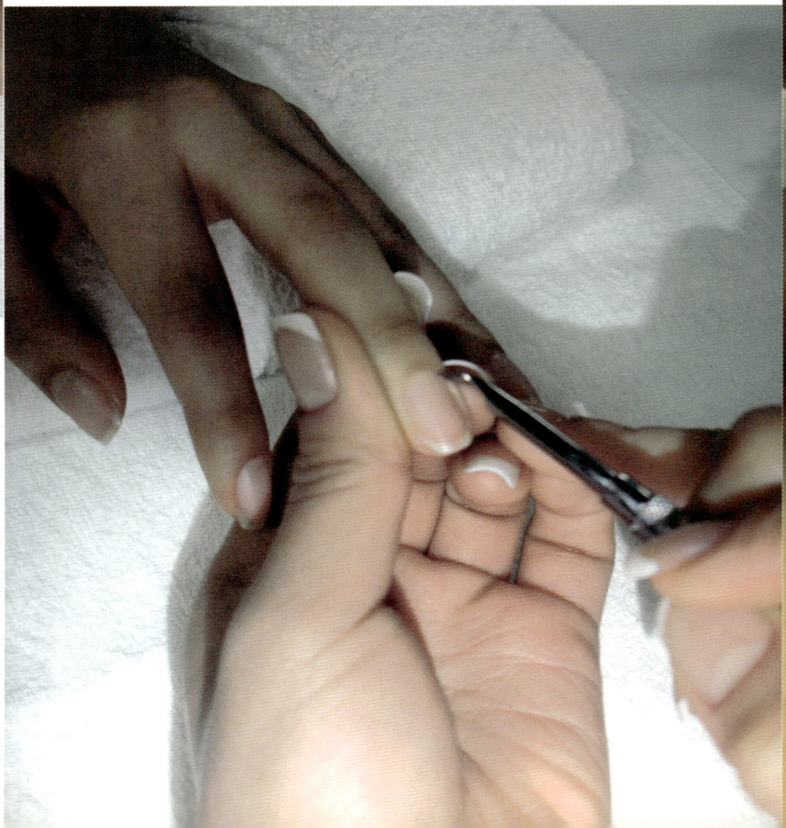

step 2. 큐티클 밀어 올리기

푸셔나 오렌지 우드 스틱을 사용해서 큐티클을 밀어 올린다.

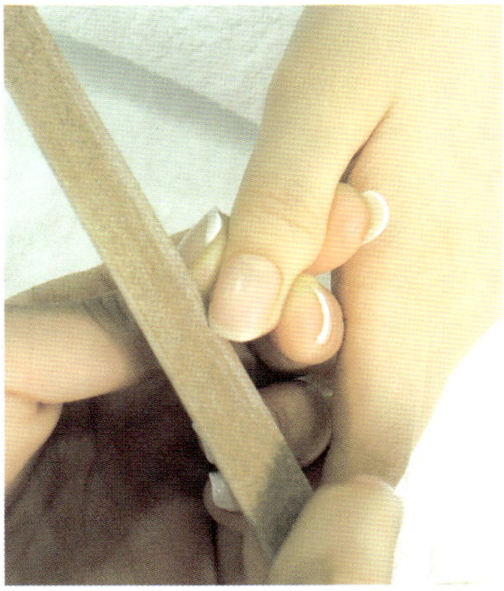

step 3. 손톱 모양 잡기

고객의 손톱을 라운드로 다듬는다.

step 4. 손톱 표면 유분 정리

손톱 표면의 유분기를 샌딩 블럭을 사용해서 제거한다.

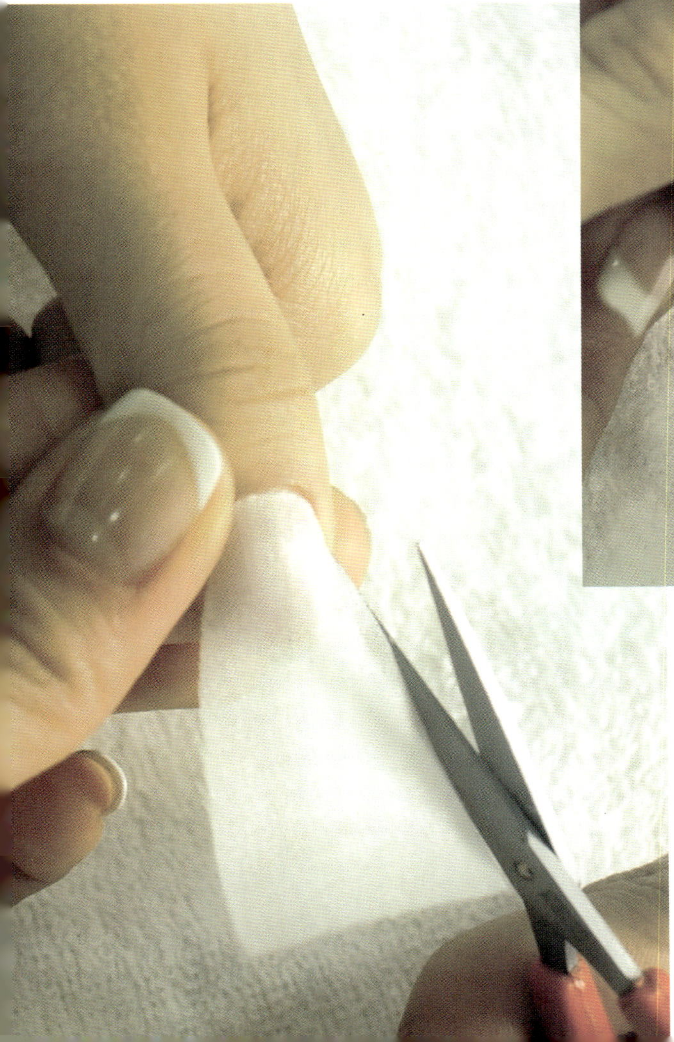

step 5 실크 재단하기

실크의 모양은 완만한 사다리꼴로 재단한다. 큐티클에서 1~2mm 떨어지고, 양 스트레스 포인트 부분이 손톱과 정확하게 일치하도록 재단한다.

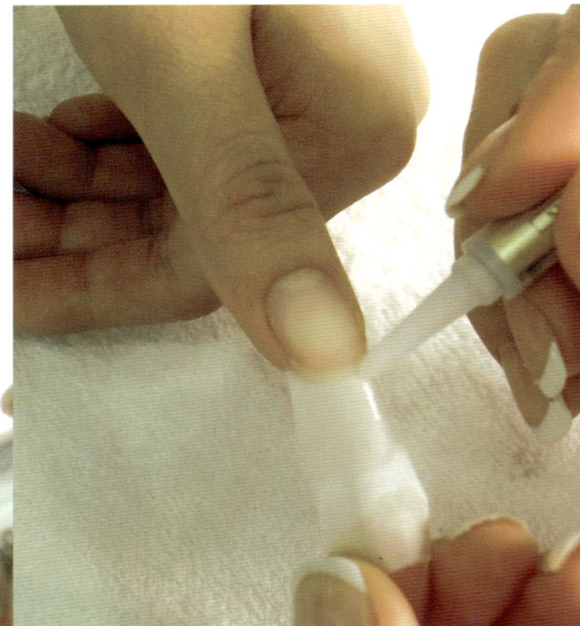

step 6. 글루 바르기

손톱 바디에 글루를 바르고 실크를 손톱 양사이드에 밀착시킨다.

step 7. 필러파우더 사용하기

연장할 부분까지 글루를 바른 후 필러를 얇고 고르게 도포한다.

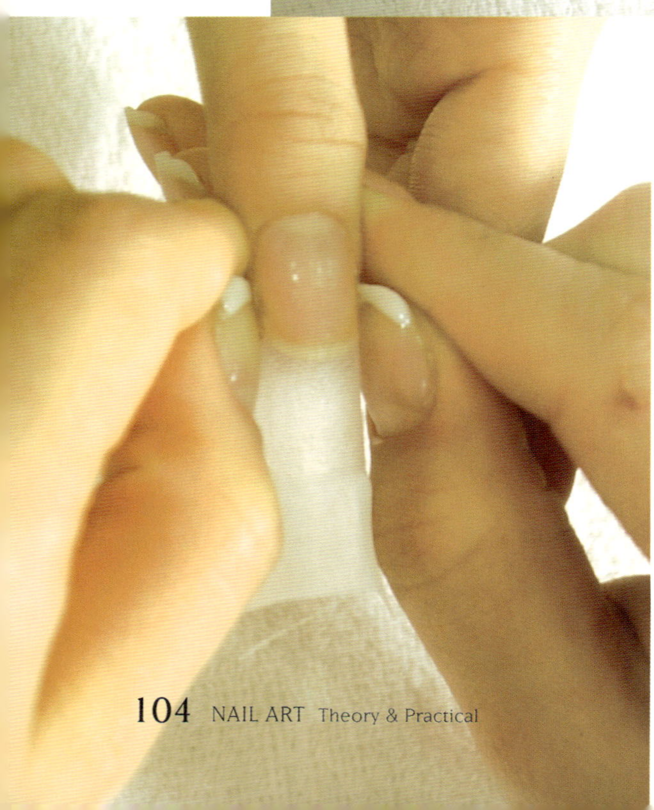

step 8. 실크 모양잡기

소량의 글루 드라이를 뿌린 후 실크의 양 사이드를 가볍게 눌러 전체적인 형태를 만들어 준다.

step 9. 길이 자르기

원하는 길이로 실크를 자르는데 필요한 경우 양 사이드 부분도 함께 잘라준다.

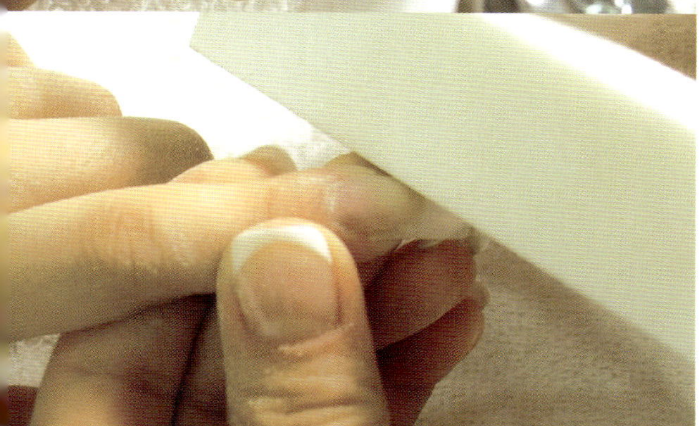

step 10. 필러파우더 및 표면화일

글루와 필러를 반복하여 전체 두께를 만들고 화일링 한다. 큐티클 주변에는 가급적 필러파우더를 뿌리지 않는 것이 좋으며, 소량을 여러 번 도포해야 투명도가 높아진다.

step 11. 실크 뒷면에 글루바르기

투명도를 위해서 손톱 뒷부분에 글루를 바른다.

step 12. 표면화일 및 정리

파일을 사용해 필러가 뿌려진 표면을 갈고 샌딩블럭으로 표면을 매끈하게 한다.

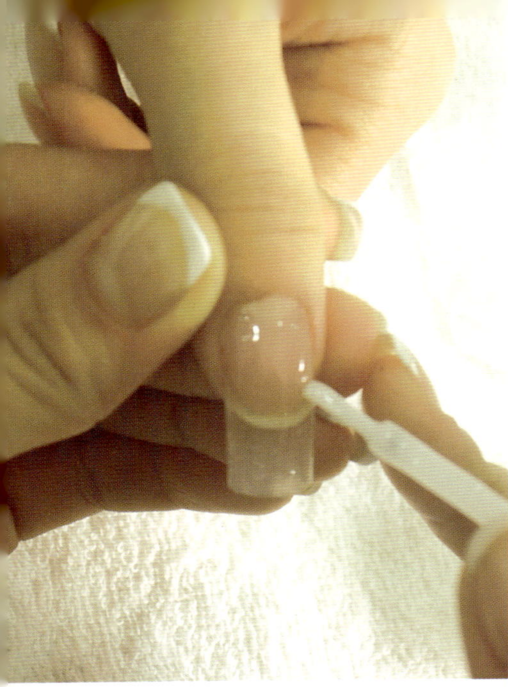

step 13. 글루 및 젤 바르기

글루와 젤을 바른다. 강도가 약한 경우에는 젤을 반복해 바르기도 한다.

step 14. 표면정리

버퍼를 사용해 표면을 매끈하게 정리한다.

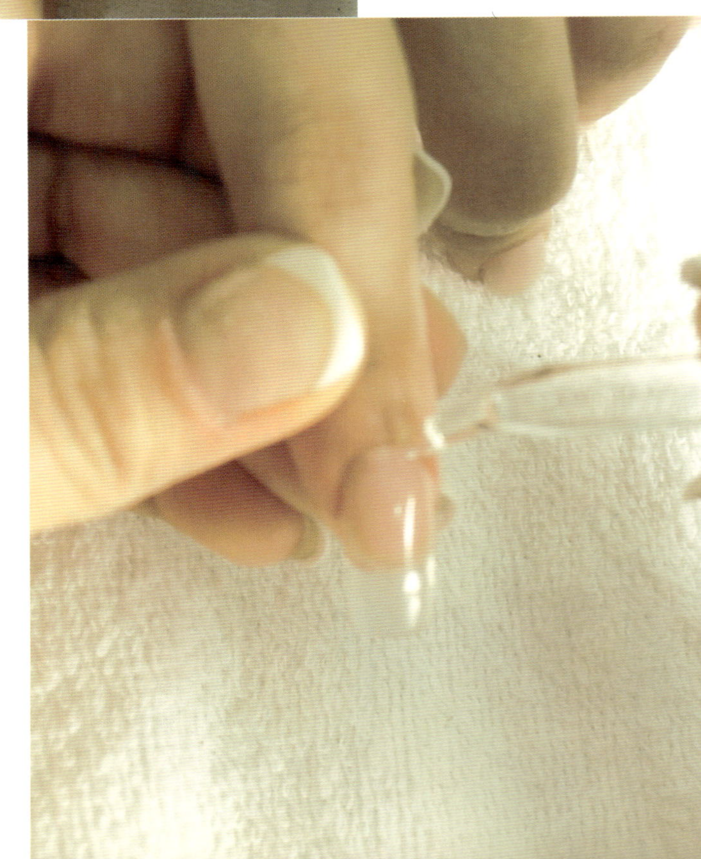

step 15. 광택내기

큐티클 주변에 오일을 바르고 가볍게 마사지 후 손톱을 반짝거리도록 버프한다.

5) 훼브릭 랩의 보수(Fills)

훼브릭 랩에 대한 보수는 서비스 2주 후에 접착제로 채우고, 4주 후에는 훼브릭과 접착제를 이용해서 인조 손톱을 오래 유지하도록 한다.

준비물

실크, 글루, 필러, 가위, 화일, 샌딩블럭, 버퍼, 네일 클리퍼

방법

· 논 아세톤(non-aceton)리무버를 사용해서 기존의 폴리쉬를 제거한다.
· 손톱을 깨끗이 닦는다.
· 큐티클을 오렌지우드 스틱으로 밀어올린다.
· 새로 자라난 부분의 경계면에 주의해서 들뜬 부위를 화일링하고, 손톱 표면을 매끄럽게 버프한다.
· 안티셉틱을 뿌려서 손톱면의 유분기를 제거한다.
· 훼브릭을 큐티클과 양사이드에서 1/16인치 떨어지고 기존의 랩과 약간 겹치도록 자른다.
· 새로 자라난 부위에 글루를 바르고 준비된 훼브릭을 붙인다.
· 글루 드라이를 사용해서 건조시키고 다시 글루를 바른다.
· 글루드라이로 건조시키고 전체 손톱 표면에 글루를 바른다.
· 손톱의 표면을 고르게 화일하고 원하는 모양으로 다듬는다.
· 큐티클 오일을 바르고, 손톱에 버프하여 윤을 내준다

10... 아크릴릭 네일

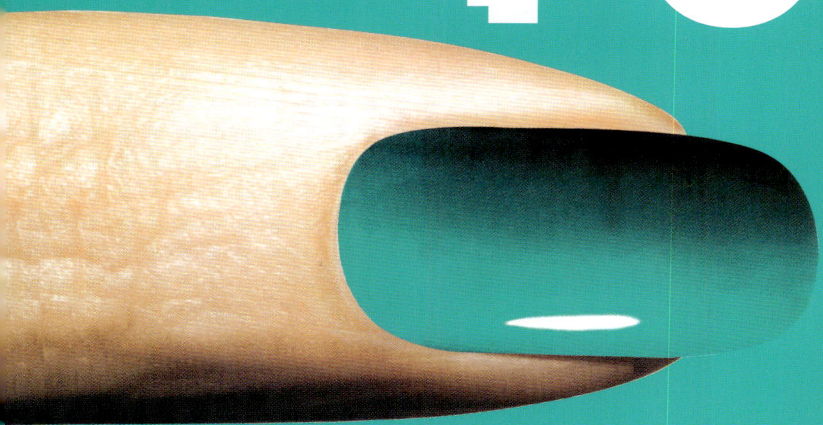

1. 아크릴릭 오버레이

2. 아크릴릭 스컵처

4. 유지와 보수

5. 아크릴릭 클리닉

10장 아크릴릭 네일

1. 아크릴릭 오버레이(Acrylic Overlay)

아크릴릭 네일은 아크릴릭 파우더와 리퀴드로 만들어지며, 매우 단단한 인조 손톱이 된다. 아크릴릭 네일은 긴 손톱을 보호하고 강도를 주므로 긴 손톱을 원하지만 약하고 잘 부러지는 여성에게 추천한다.

준비물

리퀴드(모노머), 프라이머, 아크릴릭 파우더, 폴리쉬 리무버, 브러쉬, 안티셉틱, 화일, 버퍼, 아세톤, 큐티클 오일, 푸셔, 오렌지우드 스틱

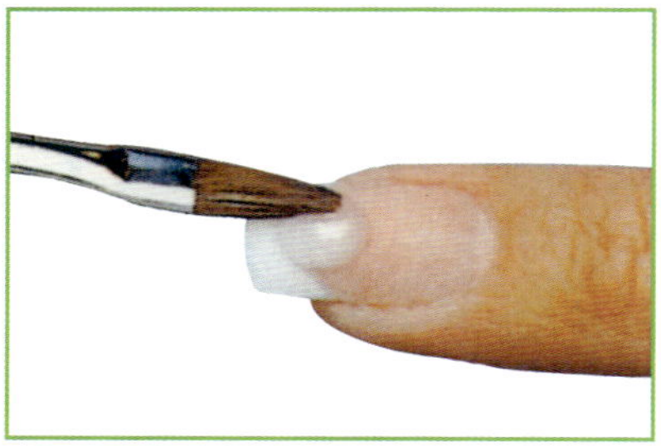

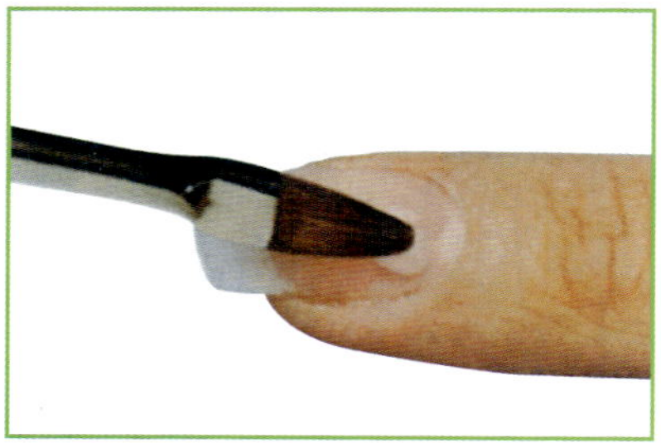

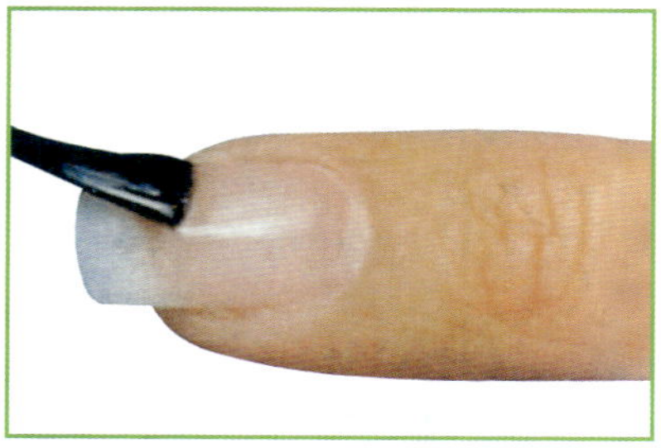

방 법

step 1. 소독 및 손톱 유분을 제거한다. 시술자 및 고객의 손을 소독한 후 손톱 모양을 다듬고 손톱의 유분기를 제거한다.

step 2. 알맞은 크기의 팁을 선택한다.

step 3. 손톱 끝 부분에 팁을 놓고 큐티클 방향으로 밀어내듯이 붙인다(이때 에어 포켓이나 울퉁불퉁한 면이 생기지 않도록 주의해야 한다).

step 4. 알맞은 길이로 잘라 깔끔하게 팁을 다듬는다.

step 5. 프라이머를 자연 손톱에 바르고 손톱이 하얗게 마를 때까지 기다린다(프라이머가 팁에 닿지 않도록 주의한다).

step 6. 아크릴릭 볼을 만든다. 그 볼을 손톱의 프리엣지의 중앙에 놓는다.

step 7. 붓의 중간 부위를 사용해서 두드리면서 프리엣지 부위에 잘 편다.

step 8. 프리엣지 위의 중간 부위에 볼을 놓고 붓질을 한다.

step 9. 작고 제일 묽은 파우더를 조금 찍어 올려 큐티클 가까이 까지 조심스럽게 펴고 층을 없애면서 손톱 끝을 향해서 부드럽게 펴 모양을 다듬는다.

step 10. 거친 화일로 손톱의 모양을 만들고 다듬는다. 중간 화일로 바꿔서 좀더 섬세하게 마무리한다.

step 11. 샌딩 블럭으로 표면을 매끄럽게 마무리한다.

step 12. 큐티를 오일을 바르고 버프한다.

2. 아크릴릭 스컵처(Acrylic Sculpture)

스컵처 네일은 자연 손톱의 윗부분에 덮어서 만든 인조 손톱이다. 이것은 손톱의 길이를 연장할 뿐 아니라 자연 손톱보다 더 강하게 만든다. 또한 정상적이지 못한 손톱을 교정하는 데에도 적용된다.

준비물

아크릴릭 파우더(클리어), 리퀴드, 프라이머, 브러쉬 클리너, 아크릴릭 브러쉬, 리퀴드볼, 네일 폼지

방 법

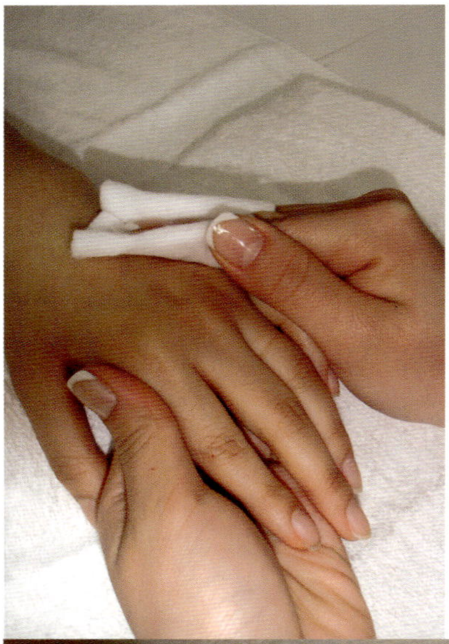

step 1. 손 소독하기

시술자와 고객의 손을 안티셉틱으로 소독한다.

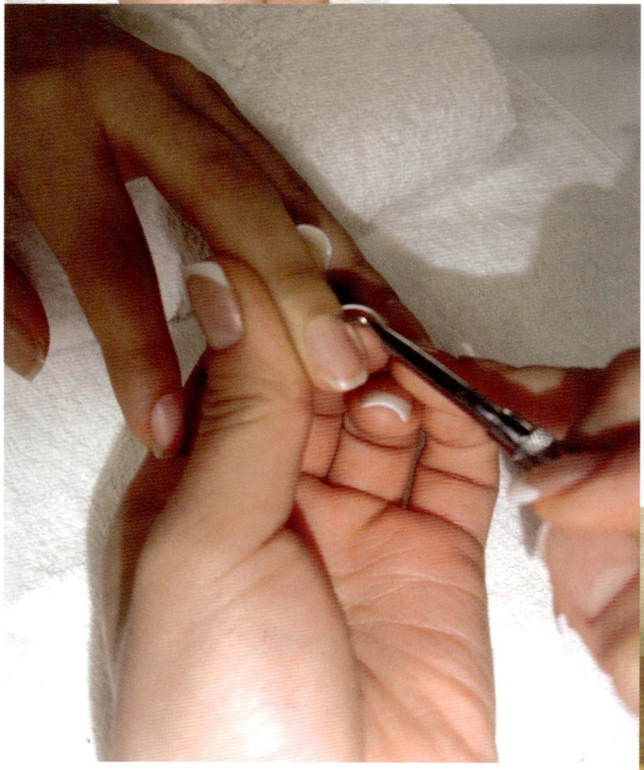

step 2. 큐티클 밀어 올리기

푸셔나 오렌지 우드 스틱을 사용해서 큐티클을 밀어 올린다.

step 3. 손톱 모양 잡기

고객의 손톱을 1mm 이내의 라운드형으로 잡아준다.

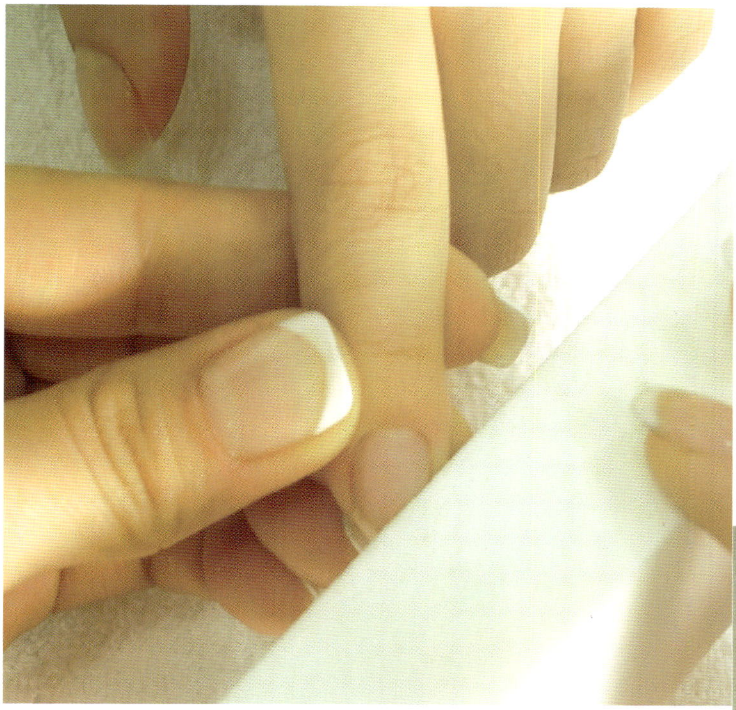

step 4. 손톱 표면 유분 정리

손톱 표면의 유분기를 샌딩 블록이나 화일로 자연네일에 에칭을 주어 유분기를 제거한다.

step 5. 프라이머 바르기

팁에 묻지 않도록 조심해서 프라이머를 바른다.

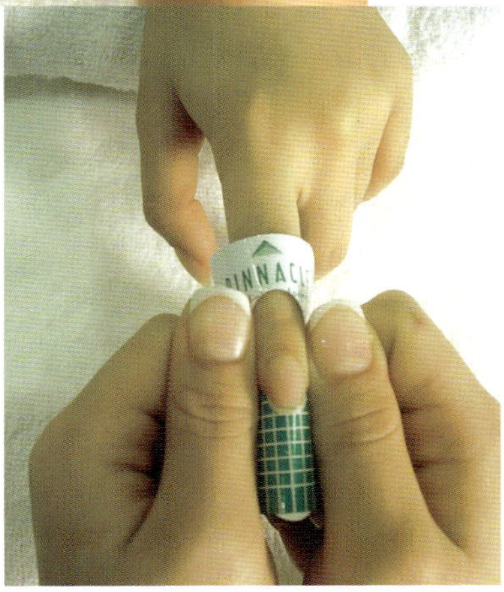

step 6. 네일 폼 끼우기

네일 폼이 손톱의 프리엣지 바로 밑에 잘 들어가 있는지, 자연 손톱과의 틈이 없이 잘 붙었는지 확인한다.

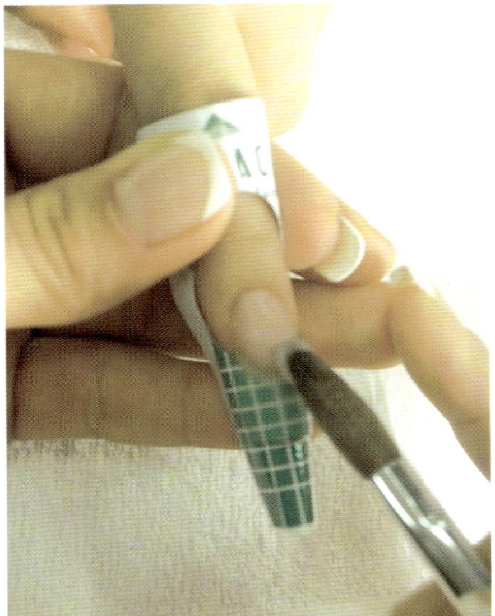

step 7. 믹스춰 올리기

프리엣지부터 큐티클 라인까지 자연스러운 아취가 생기도록 모양을 만든다.

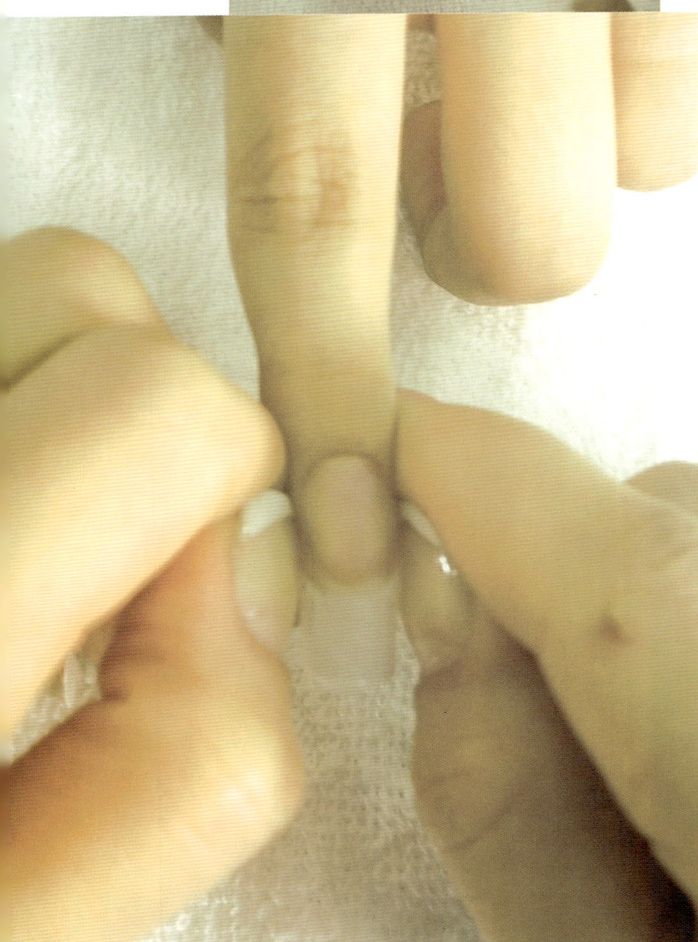

step 8. 핀칭 주기

아크릴이 잘 말랐는지 톡톡 두드려서 확인 후 네일폼을 떼어내어 양쪽 엄지를 이용해 사이드 스트레이트 부분에 핀칭을 준다.

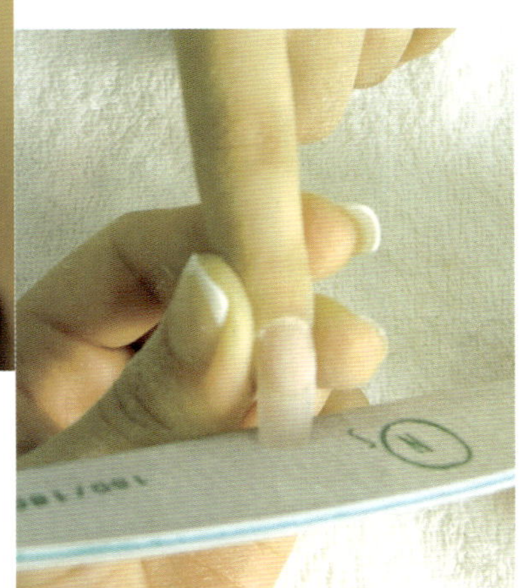

step 9. 파일링 하기

거친 그리트로 표면의 울퉁불퉁한 면을 부드럽게 화일하고 고은 화일로 화일링 한다. 그런 다음, 부드러운 마무리를 위해 샌딩 블록으로 정리한다.

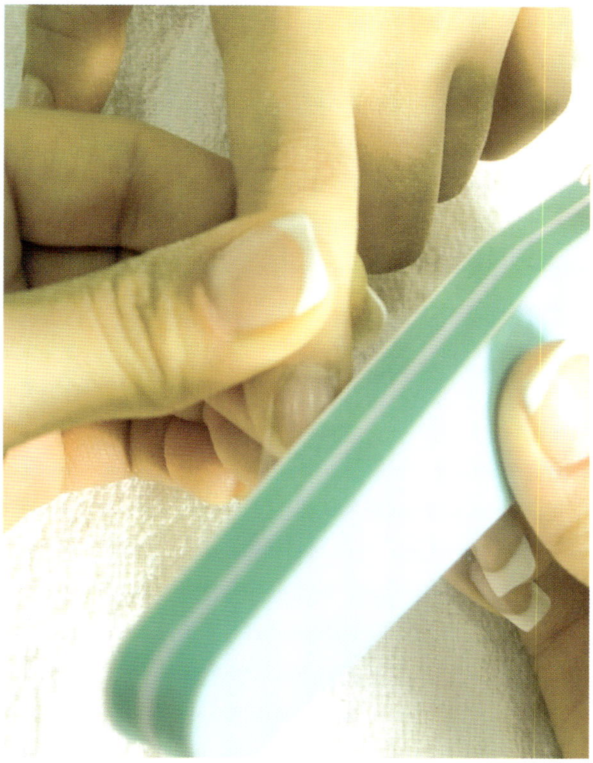

step 10. 광택내기

큐티클 오일 바르고 버퍼로 윤을 내준다.

Tip

네일폼지의 올바른 사용

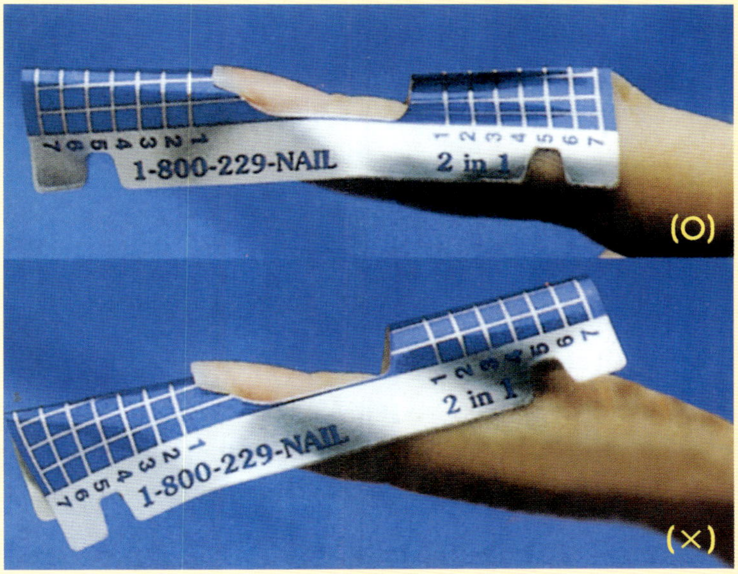

3. 유지와 보수(Maintenance)

1) 아크릴릭 네일의 보수

인조 손톱에는 반드시 보수가 필요하다 . 철저히 케어 하지 않으면 진균(몰드)이나 펑거스가 나타날 수도 있다. 주의해야 할 점은 자연 손톱과 인조 손톱 사이에 공기가 들어가지 않도록 하는 것이다. 이것은 습기가 차고 박테리아 성장을 돕는다. 아크릴릭 네일에서 종종 일어나는 것으로, 손톱 표면에 모든 제품들을 확실히 제거하고, 전체 표면을 디스크 화일(disk file)로 가볍게 갈아낸다면, 완벽한 접착력에 도움을 줄 수 있다.

일반적인 인조 손톱의 상태는 자연 손톱으로부터 들뜨기 시작하는 것이다. 스컵처 네일이 자라기 시작하면 큐티클에 의해 공간이 생길 것이다. 들뜨는 것은 1달 후나 때때로 1주일 후에 일어날 수 있다. 들뜨기 시작하면 바로 네일 니퍼로 들뜬 부위를 제거하거나 화일로 갈아낸다. 손톱을 알콜로 소독하고 작은 양의 아크릴릭으로 채운다. 마르면 버프하고 부드럽게 한다.

스컵처 손톱을 했을 때는 직접적인 오일이나 크림을 피하도록 한다. 왜냐하면 그것들은 손톱을 뜨게 하는 원인을 제공한다. 씻거나 목욕 후에는 철저히 손톱을 말리는 것이 인조 손톱 밑에 수분을 방지하는 방법이다.

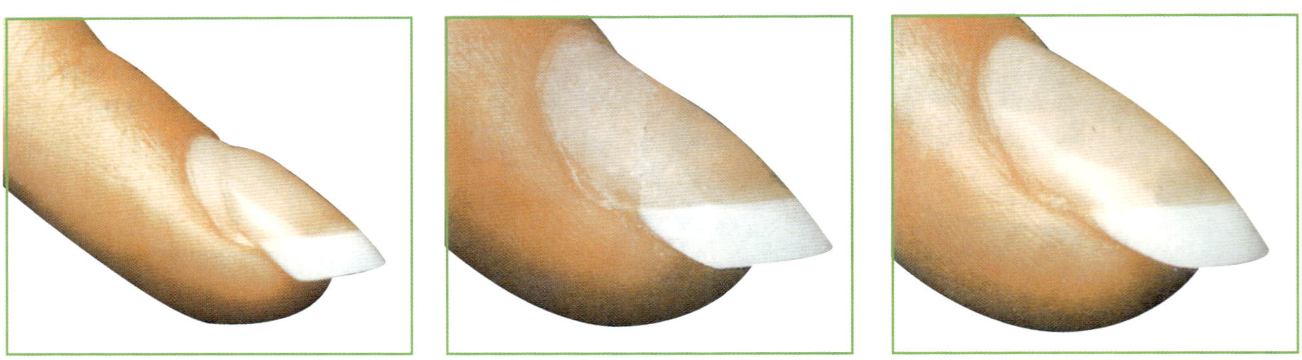

1달 지난 아크릴릭 네일의 보수

2) 백필(Backfills)

백필은 핑크/화이트 아크릴릭 스컵처가 처음 소개 되었을 때부터 존재해 왔다. 핑크/화이트 아크릴릭 스컵처가 대중적으로 알려졌듯이 백필 테크닉도 널리 펴져 있다. 연습을 거듭해서 가장 능률적인 작업을 찾도록 한다.

백필 서비스를 좀더 쉽게 하기 위해서는 전기 드릴에 즈합한 백 필 비트(bit)를 사용하는 것이 좋다. 사용하고 있는 비트(bit)가 어떤 타입이던 간에 손톱으르부터 자주 들어 올려준다. 왜냐하면 압력이 마찰을 야기 시키고 마찰은 열을 발생시킨다.

사용 방법

백필을 하기 위해 처음 컷(cut)하고자 한다면 먼저 펜슬로 스마일 선을 따라서 안내선(guide line)을 그려준다. 이 선은 작업한 후에 네일 크린져로 닦아낸ㄷ-. 드릴은 대략 5,000rpm으로 시작하고 금속 손잡이를 고정시켰는지 확인한다. 한쪽 손은 다른쪽 손위에 놓아서 밸런스(balance)를 조절한다. 그렇지 않으면 모든 압력이 비트(bit)로 쏠려서 통제를 할 수가 없다.

손톱의 오른쪽 면부터 시작한다. 자연적인 스마일선 위로 아주 가볍게 가장 작은 bit를 가지고 손톱의 중앙 쪽으로 움직인다. bit의 각도는 아래 사진을 참고한다. 작업할 때 손톱이 bit와 만나면 진동하면서 부드러운 턱이 스마일 선을 따라서 만들어진다.

모든 남아있는 화이트 아크릴릭을 제거한다. 완전히 제거 후 노출된 자연 손톱에 재디자인한다. 만약 그렇지 않으면 아크릴릭의 대략 35% 정도를 제거하고. 화이트 파우더의 컬러 밀도를 일정하게 유지하도록 한다.

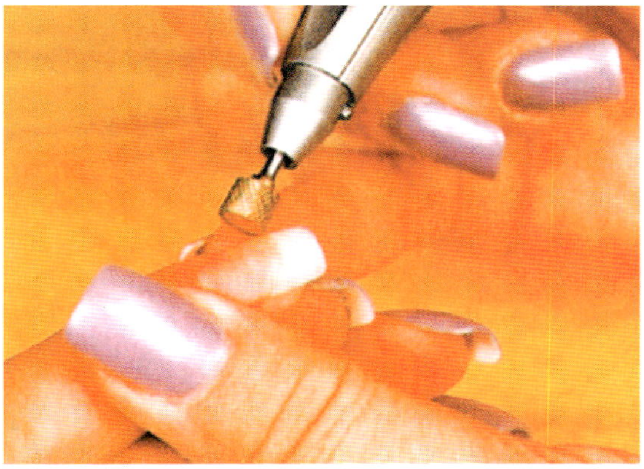
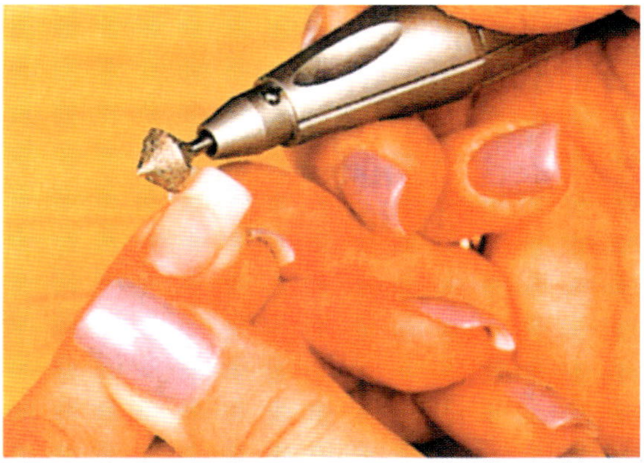

기본적인 백필 비트

4. 아크릴릭 클리닉

1) 리퀴드-파우더 비율

리퀴드-파우더의 비율은 중요하다. 잘못된 비율은 서비스를 망치거나 못쓰게 하기도 하고, 들뜨는 원인과 시술 속도에도 영향을 준다. 리퀴드와 파우다를 정확한 비율로 섞는 것은 연습을 요한다.

(1) 바른 도구 사용법

① 브러쉬

대부분의 제품회사의 브러쉬들은 둥글고 끝이 모아진 형태이다. 이것은 리퀴드를 브러쉬 속에 머금어서 작업할 때 리퀴드를 흘려보낸다. 플랫(flat) 타입은 리퀴드를 많이 머금지 못하기 때문에 일반적으로 라운드 브러쉬가 리퀴드-파우더 비율 맞추기가 좋다.

② 모노머 그릇(리퀴드 볼)

리퀴드(모노머)그릇은 비율에 영향을 줄 수 있는 또 다른 도구이다. 모노머를 담는 여러 가지의 용기들이 있지만 종류에는 관계없이 어떻게 사용하는가가 중요하다.

시술 할때 얼마나 많이 브러쉬를 담그었는지 얼마나 많은 리퀴드가 따라 왔는지 보도록 한다. 그리고 지금 고객에만 쓸 만큼 충분한 리퀴드만 따라 놓도록 한다. 서비스가 끝난 후 사용한 리퀴드는 버리고 다른 예약을 위해서 깨끗이 닦아 놓는다. 리퀴드를 사용한 것에 더한다거나 사용 중 깨끗이 닦아놓지 않는다면 끈적거리는 리퀴드를 만들 것이다. 이것은 적절한 리퀴드-파우더 비율에도 좋지 않은 영향을 준다.

또한 아크릴릭 리퀴드는 증발되므로 파우더를 흡수하는 능력을 변화시킨다.

③ 타월(Towel)

흡수성 있는 페이퍼 타월은 리퀴드-파우더 비율에 도움을 준다. 시술할 때 수시로 브러쉬에 묻은 과도한 양의 리퀴드를 제거하고 브러쉬 크리너에도 매번 닦는다.

(2) 기본 법칙

파우더 2+리퀴드1은 일반적인 비율이다. 그러나 세트(set)되는 시간, 브러쉬 사이즈, 각 테크닉션의 테크닉에 따라서 바뀔 수 있다. 다음 아래의 몇 가지 기본 법칙이 있다.

먼저 올바른 비율을 기대한다면 빨리 굳는 제품으로는 작은 브러쉬를 사용하지 말고 천천히 굳는 제품으로는 큰 사이즈의 브러쉬를 사용하지 않는다. 사이즈가 큰 브러쉬는 손톱 끝과 손톱 중앙에 사용한다. 그런 다음 교대로 작은 브러쉬로 큐티클 부위를 사용한다.

(3) 방법

먼저 전체 브러쉬를 리퀴드에 담근다. 완전히 젖은 후 용기 입구에서 양을 조절한다.

페이퍼 타월에서 너무 많은 리퀴드는 제거하도록 한다. 농도 연습은 3가지로 한다. 첫번째는 너무 젖었고, 다른 것은 너무 마르다. 3번째 중간 농도가 적절하다. 첫번째 것은 리퀴드가 너무 많고, 두 번째는 너무 적다. 대조적으로 중간 농도는 좋은 모양(shape)과 투명도를 가진다.

만약 볼을 손톱 위에 떨어뜨릴 때 너무 건조하다고 느낀다면 브러쉬를 다시 리퀴드에 적셔서 손톱 위에 밀어 올리지 않는다. 그 방법은 여분의 리퀴드가 사이드 월과 큐티클로 흘러 들어가게 만든다. 항상 실패한 볼은 페이퍼 타월에 버리고 다시 시도하는 것이 좋다.

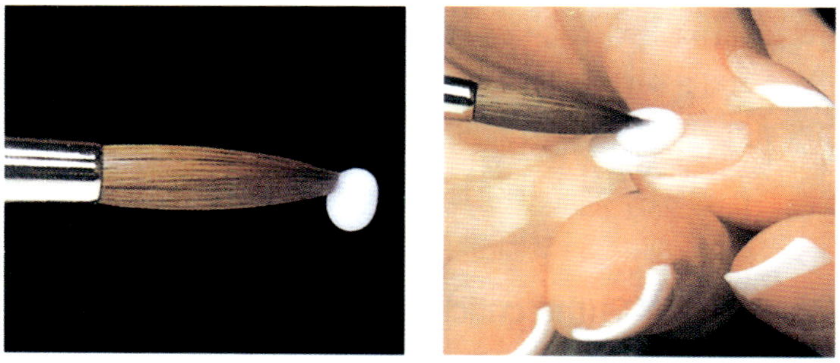

묽은 농도

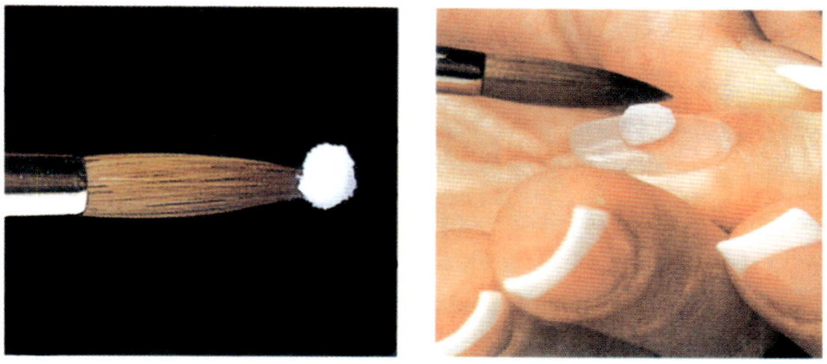

단단한 농도

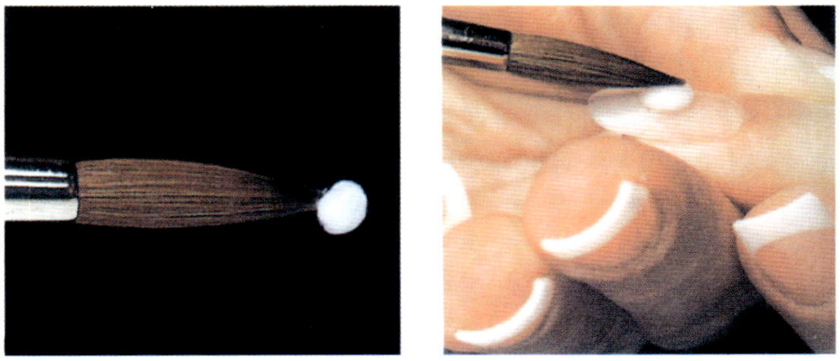

적정한 농도

2) 큐티클 부위(the cuticle area)시술 테크닉

얇지만 너무 얇지 않게 하고 가깝지만 너무 가깝지 않게 아크릴릭을 큐티클 부위에 필인(fill in)하는 것은 아크릴릭을 오래 유지하기 위한 필수적인 중요한 테크닉이다.
어떤 종류의 인조 손톱 제품을 사용하더라도 깨끗하고 유연한 시술을 위해서는 올바른 손톱의 준비가 필요하다.

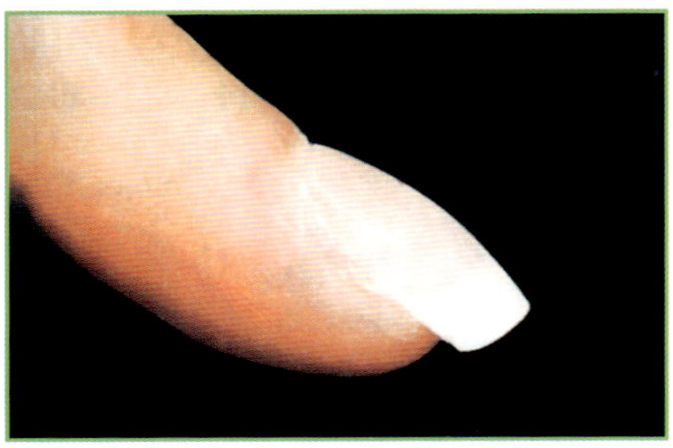

너무 많은 아크릴릭을 피부 가까이 시술했을 때 큐티클 부분을 부드럽게 하는 것은 어려울 수 있다.

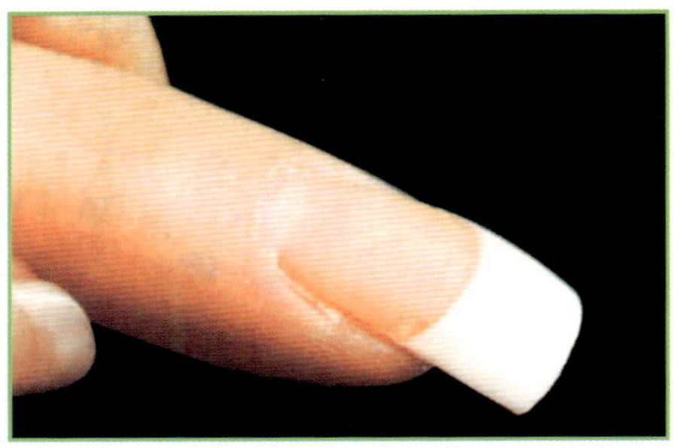

아크릴없이 간격을 남겨 놓는 것이 큐티클 부위에 너무 많은 제품을 발라 놓는 것보다 더 낫다.

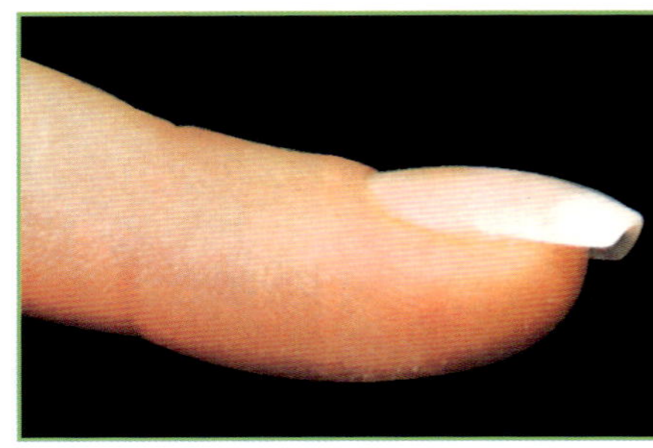

완벽한 시술과 함께 아크릴릭이 큐티클 바로 가까이 자연손톱과 잘 다듬어져 있다.

아크릴릭 오버레이

Tip

올바른 각도/잘못된각도

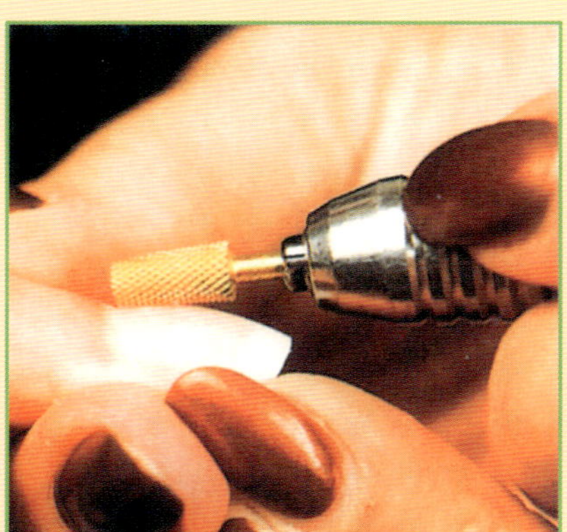

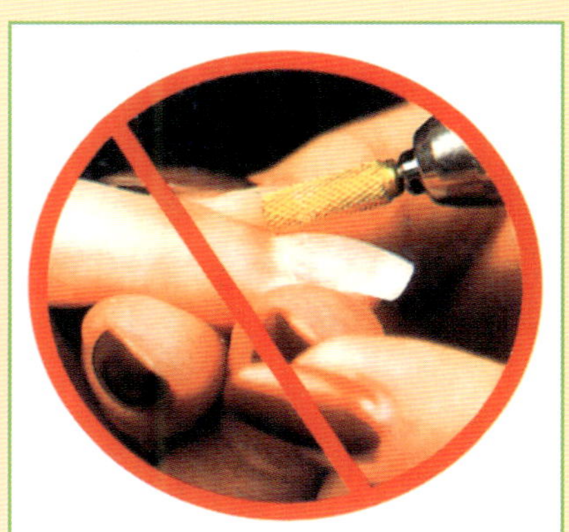

올바른 각도

사진에서 보여지듯이 적절히 각도를 유지할 때 아름답고 부드러운 손톱을 빠르게 만들어 낼 수 있다.

잘못된 각도

이런 각도를 유지하면 비트(bit)가 자연 손톱으로 파고들면서 홀을 남기기 쉽다.

① 큐티클 부분의 엉성한 손톱 상태

이것은 들뜨는 원인 중 일반적인 것이다. 시간을 들여서 손톱의 준비를 완벽히 한다. 부드럽게 큐티클을 밀어 올리고 철저히 큐티클을 깨끗이 하고 네일 플레이트의 테리지움을 제거한다. 그리고 부드러운 화일을 가지고 프라이머와 건조제를 바르기 전에 자연 손톱의 유분을 제거한다

② 필인(fill-in)을 하는 동안 느슨해진 아크릴릭을 화일로 갈아낸다

니퍼로 느슨해진 제품을 뜯어내지 마라. 뜯어 잡아당기는 것은 남아있는 아크릴릭까지 더욱 더 느슨하게 할 것이며 자연 손톱에 손상을 줄 것이다. 전기 드릴을 이용하면 쉽게 갈아낼 수 있다.

③ 큐티클 부위 피부에 아크릴릭이 접촉하고 있는 것

물론 너무 많이 띄우는 것(gap)은 손톱의 밸런스에 영향을 줄수 있다. 요령은 아크릴릭을 턱이나 틈이 없도록 큐티클 바로 앞까지 자연 손톱에 점차적으로 양을 줄여 주는 것이다.

④ 납작한 타입의 브러쉬는 사이드 월과 큐티클 부위를 쓸어내기가 쉽다

이 타입의 브러쉬는 피부에 리퀴드를 묻히지 않고 정확히 가까이 할 수 있게 한다.

⑤ 큐티클 부분은 나중을 위해 남겨놓는다

10개 손톱을 시술할 때 화이트 파우더 시술이나 손톱의 대부분은 큰 브러쉬를 사용한다.
그러나 큐티클 부위는 필(fill) 할 때와 마찬가지로 작은 브러쉬를 사용한다. 더 작은 볼(ball)은 아크릴릭 시술을 더욱 쉽게 해준다.

⑥ 아크릴릭이 셀프 레벨(self-level)되도록 하고 가볍게 고정한다

브러쉬를 45° 각도로 잡고 큐티클 부분에서 네일플레이트 쪽으로 쓸어 내린다. 이 방법은 큐티클 가까이 볼을 올려 놓는 것보다 좀더 조절하기 쉽다.

⑦ 큐티클에 있어서 아크릴릭의 농도가 중요하다

아크릴릭이 너무 젖어있다면 그것은 큐티클까지 흘러 들어가서 콘트롤하기 힘들 것이다. 또한 아크릴릭이 너무 건조하다면 부드러운 그라데이션으로 스컵처 할수 없을 것이다. 일단, 리퀴드-파우더 비율을 잘 알고 연습하는 것이 정확히 손톱 위에 아크릴릭을 올릴 수 있고 큐티클 쪽으로 스스로 자리잡도록 할수 있어서 완벽하고 부드러운 모양을 잡을 수 있다.

⑧ 손톱 모양 잡을 때 화일 선택

80~100grit 큐션 화일로 시작한 다음 100grit의 우드 화일로 큐티클 부분을 다듬고 마지막 마무리로 180grit로 표면을 다듬는다.

⑨ 큐티클의 윗부분을 화일할 때 사이드에서 손톱을 보도록 한다

완벽한 아치와 함께 아크릴릭이 자연손톱과 아주 부드럽게 연결되도록 큐티클 부위를 다듬는다.

⑩ 큐티클 부위를 필(fill) 하기 전에 철저히 화일한다

필(fill)한 선이 표시나지 않도록 충분히 화일한다. 부드러운 필을 위해 충분히 화일했는지 확신이 없다면 손톱의 먼지를 떨어내고 작은 양의 프라이머를 바름으로써 슬쩍 훔쳐볼 수 있다. 만약에 프라이머가 젖어있는 동안 필(fill)선이 보인다면 좀더 화일링이 필요하다.

3) 아크릴릭 네일의 문제점과 해결책

완벽한 아크릴릭 네일을 한다는 것은 쉽지 않다. 제품도 다양하며, 테크닉도 다르다. 최고의 전문가들도 종종 노랗게 변색된다든지, 공기 방울이 생긴다든지, 스트레스 포인트 부분의 크랙(cracks) 등과 같은 문제에 부딪힌다. 일반적인 아크릴릭 네일의 5가지 문제점과 해결방법은 다음과 같다.

(1) 공기 방울(Air bubbles)

공기 방울이 생기는 원인은 브러쉬 사용에 있다. 젖은 상태의 브러쉬를 사용할 때는 볼 수 없었던 것이 손톱 끝과 중앙에서 더 건조하게 작업 할때 거의 나타난다. 게다가 화이트 파우더로 작업할 때 발견하기란 더욱 어렵다. Top 부위에 광택을 낼때 나타나며 폴리쉬로 커버할 수도 없다. 공기 방울은 아크릴릭 속에 작은 구멍을 만들고 메이크업과 더러움으로 채워져 보기 싫은 검은 점을 만든다. 또한 손톱을 약하게 한다.

해결 방법은 브러쉬를 리퀴드 볼 밑에서 평평하게 눌러서 리퀴드가 충분히 젖어들어 공기 방울을 위로 밀어내도록 한다. 사용할 때 브러쉬가 건조하지만 않다면 공기 방울은 생기지 않는다. 공기 방울은 빨리 마르는(Fast-set) 제품을 사용할때 더 자주 일어난다. 그것은 더 건조하기 때문이다. 만약에 공기 방울이 자주 생긴다면 더 촉촉하고 작은 볼로 시도해보자. 살롱 내 덥고 습한 공기는 공기 방울이 생기는 것을 가중시키므로 온도를 낮추는 것도 도움이 될 수 있다.

(2) 노랗게 변색되는 것

노랗게 변색되는 것은 사용하고 있는 제품과 시술하는 과정에 원인이 있다. 일반적으로 2가지 원인이 있다. 첫번째 탑코트를 바르고 있다는 것을 잊고 리무버 과정을 지나치는데서 생긴다.
만약에 약간의 탑코트라도 남아있다면 아크릴릭을 시술했을 때 심각하게 노랗게 변색된다. 어느 제품을 사용하건 탑코트를 체크하는 버릇을 들여야 한다. 두번째 프라이머를 젖은 상태로 작업하는 것도 노랗게 변색하도록 만든다. 아크릴릭을 하기 전에 프라이머가 말랐는지 체크해야 한다. 프라이머가 섞인 리퀴드는 손톱을 노랗게 만들 뿐 아니라 남아있는 리퀴드도 변질시킨다. 프라이머를 얇게 바르고 당신이 아크릴릭 시술을 시작하기 전에 하얗게 굳었는지 기다린다.

(3) 금이 가고 깨지는 것(Stress Cracks)

아크릴릭이 손톱을 적절히 보조하고 있는지, 후리엣지의 길이가 스컵처 손톱을 지지할 만큼 충분히 긴가? 손톱이 그 길이를 지지 할만큼 적절한 비율로 연장되었는가? 꼭 알아야 할 점은 익스텐션은 자연 손톱 길이의 반 이상 길어서는 안된다는 것이다.
잘 다듬어져 매끈한 아크릴릭 네일은 모든 것이 얇아야만 하는 것을 의미하는 것은 아니다. 충분히 강하고 보기 좋게 하기 위해서 손톱의 큐티클 부위는 얇아야 하고, 손톱의 스트레스 포인트 위의 정점은 보다 두꺼워야 한다.

(4) 팁이 떨어지는 것

아크릴릭 오버레이로 시술하고 약간의 시간이 지난 후에 자연 손톱과 연결되는 부분이 바로 떨어져 나가기 시작한다. 문제는 팁을 붙일 때 사용했던 접착지가 단순히 망가졌기 때문이다.
네일 글루는 보통 물에 매일 매일 노출되는 것이 반복되면 망가지기 시작한다. 자연 손톱이 자라나면서 팁은 더 많은 스트레스를 받는다. 그런 중 고객이 손톱에 충격을 주었을때 팁이 스트레스 포인트 부분에서 튕겨져 나간다.
이런 점을 지연시키는 방법은 첫번째로 글루의 타입을 더 두껍고 천천히 마르는 젤 타입으로 사용하는 것이다.
두 번째로 글루 대신에 아크릴릭으로 팁을 시술해본다. 간단하게 아크릴릭 볼을 자연손톱 중앙에 올려놓거나 팁의 웰 부분에 올려놓고 팁을 단단히 붙인다. 오렌지우드 스틱을 사용해서 여분의 아크릴릭을 제거하고 아크릴릭이 고정될 때까지 잡고 있는다. 이 타입의 시술은 좀더 시간이 걸리지만 튕겨져 떨어져 나가는 것을 해결할 수 있다.

11 ... 파라핀 매니큐어

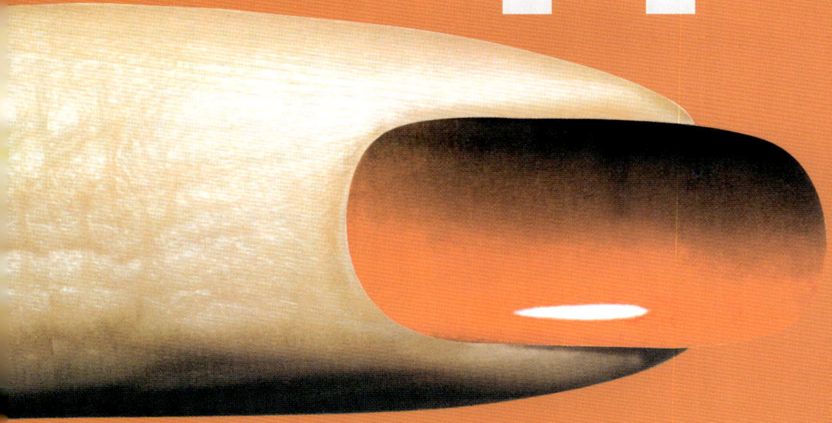

1. 파라핀의 효능
2. 파라핀의 활용
3. 파라핀 매니큐어

11장 파라핀 매니큐어

파라핀(paraffin)은 오랫동안 물리치료사들에 의해 치료 목적으로 사용되어져 왔다. 파라핀은 습진 치료에도 뛰어난 효과를 보이며, 부은 근육을 진정시키고, 관절과 연골 조직의 염증을 감소시켜 주기도 한다. 파라핀은 손발의 차가움, 관절염, 피로 회복, 피곤 시 붓는 손과 발, 습진, 수분 공급, 굳은 살의 이완작용 등에 효과적이다. 파라핀은 치료 목적뿐 아니라 예방적인 목적으로도 사용된다.

1. 파라핀의 효능

파라핀 마스크는 여러 가지 주요 영양 성분의 흡수와 세포 조직의 노폐물 배설을 돕는 역할을 한다. 파라핀 마스크는 피부의 온도를 높인다. 이로 인해 모공이 확장되고 피부 세포간의 공간이 넓어지면서 보습 성분, 영양 성분의 흡수가 진피층까지 가속화된다. 또한 피부의 온도가 높아짐으로써 혈액 순환이 더욱 원활하게 되고 혈액 속에 녹아 있는 영양분, 산소가 진피층까지 잘 공급되어 피부의 산소 흡수력이 높아지고 세포 분열, 세포 재생 능력이 강화된다.

2. 파라핀의 활용

파라핀 요법은 수분 보유 능력이 뛰어나 수분을 필요로 하는 피부 미용 분야에서 일찍부터 사용되어져 왔다. 피부 미용에 접목된 파라핀 요법은 손관리, 얼굴관리, 발관리에 사용되어져 각 부위가 요구하는 특수한 사항에 적합한 관리를 해줄 수 있다.

3. 파라핀 매니큐어

① 파라핀에 담그기 전에 손 또는 발을 깨끗이 씻고 소독한다.
② 로션이나 크림을 바른다.
③ 파라핀에 손목 또는 발목까지 깊이 담근다.
④ 파라핀이 굳도록 꺼내어 잠시 들고 있는다.
⑤ 고객에게 동일한 손 모양을 유지하도록 하면서 파라핀의 두께가 6mm 정도가 되도록 3~5 회 반복한다.
⑥ 1 회용 비닐 장갑을 씌운다.
⑦ 다른 한쪽도 동일한 방법으로 시행한다.
⑧ 10~20분 동안 따뜻하게 손을 보온한다.
⑨ 1회용 비닐장갑을 벗기고 파라핀을 제거한다. 파라핀은 장갑처럼 잘 벗겨지며 벗겨낸 파라핀은 재사용하지 않는다.
⑩ 7~10분간 핸드 마사지를 한다.
⑪ 푸셔하고 손톱에 남은 유분기를 제거한다.
⑫ 일반 매니큐어와 동일하게 마무리한다.

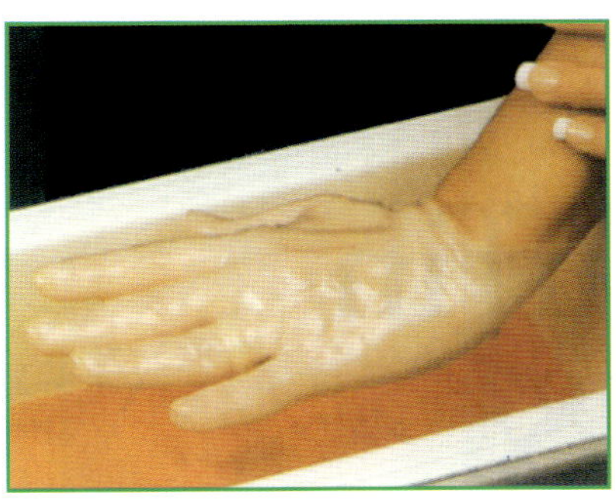
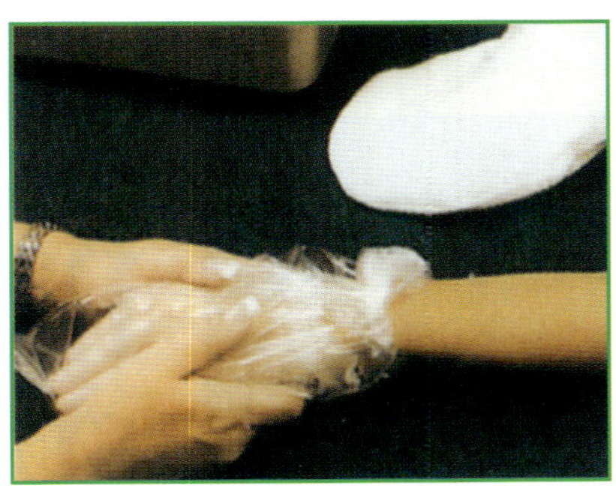
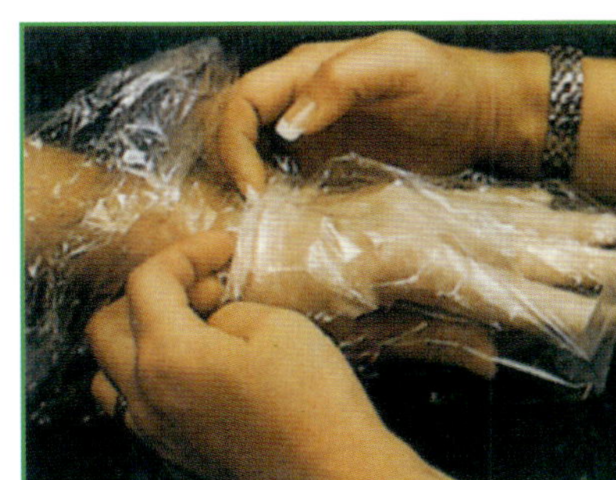

파라핀 매니큐어 절차

Tip

파라핀 자체에 유분기가 많기 때문에 시술 전 베이스코트를 바르지 않으면 폴리쉬가 손톱 표면에 잘 밀착되지 않고 들뜨게 된다. 베이스코트를 발라 완전히 건조시킨 후 파라핀을 한다.

12 ... 왁싱

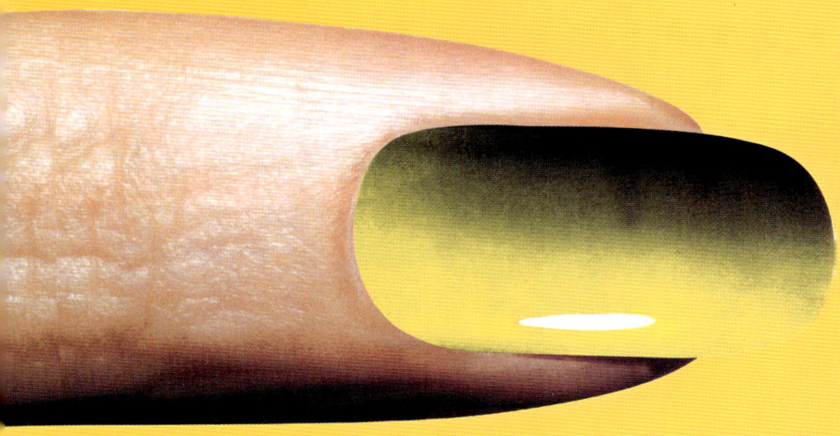

1. 왁싱 (Waxing)이란?
2. 왁싱 서비스 전 중요 사항
3. 신체 부위별 왁싱

12장 왁싱

1. 왁싱(Waxing)이란?

왁스를 녹여 불필요한 부분의 털을 제거하는 일시적 방법으로 피부에 얇게 펴고 천으로 제거한다. 이것을 반복해 가면 모근의 일부가 파괴되어 점차로 털이 적어지게 된다. 또한 제모용 크림과 달라서 모근째 뽑히기 때문에 털이 나기까지 꽤 시간이 걸린다. 통증이 있는 것을 제외하면 시술이 쉽고, 비교적 넓은 범위의 털까지 제거 가능하다.

왁싱 서비스는 화장이 솜털로 인하여 잘 받지 않는 경우나, 노출 부위의 피부를 매끄럽게 보이게 하기 위해서 실시한다.

2. 왁싱 서비스 전 중요 사항

(1) 서비스를 위한 모든 도구들을 정확히 준비한다

고객이 테이블에서 기다리는 동안 나머지 재료와 도구들은 미리 고안된 장소에서 보관되어 있어야 한다. 서류에 관한 일, 고객 화일, 다음 약속을 위한 노트는 손쉽게 이용할 수 있도록 해야 한다.

(2) 청결하게 유지 시킨다

마루 바닥 표면과 베드(bed)는 깨끗해야 하고, 왁스 조각들과 자국들이 남겨져 있으면 안된다. 왁스 베드는 위생처리를 위해 사용한 것들은 폐기하고, 일회용 종이 시트로 깨끗하게 커버해야 한다. 왁스 포트는 뚜껑을 닫고, 안에 스파튤라를 담근 채로 있어서는 안된다. 일회용의 스파튤라와 천은 깨끗한 보관함 안에 보관해야 된다.

왁스 속에 담글 때에는 항상 새로운 스파튤라를 사용해야 한다. 사용된 스파튤라를 재사용하는 것은 왁스 속으로 병원체를 옮기는 결과를 낳는다. 또한 시술자 자신의 보호를 위해서 왁스를 하는 동안 1회용 장갑을 사용한다. 모낭은 제모를 함으로써 출혈이 있을 수 있고, 시술자는 병원체에 감염될 수 있다.

(3) 자격을 부여하고 증명한다

왁싱은 구색의 하나로서 서비스하는 종류는 아니다. 이 서비스를 섣불리 시술한다면 고객의 피부를 손상시킬 수 있다. 만약에 왁스를 시술하는 교육을 받고, 라이센스가 있다면 고객들에게 당신이 교육받은 것을 증명하라. 가능하다면 고객들이 볼 수 있는 곳에 전시를 한다.

(4) 고객에 대한 교육

새로운 고객이 왁싱 서비스에 대해 무엇을 하는 것인지 안다고 결코 추정하지 않는다. 고객에게 서비스 전과 후 무엇을 기대 할수 있는지 자세히 설명한다. 단순히 그 과정을 이런 설명 없이 시술 하는 것은 전문가로서 바람직하지 않다.

(5) 고객들을 분류한다

새로운 고객에 대해서 앙케이트를 작성한다. 스킨케어 방법, 사용하고 있는 약물치료까지 조심스럽게 그 정보들을 재검토 한다. 고객이 Retin-A 또는 아하 성분의 조제를 사용하고 있는가? 안으로 파고드는(ingrown hair) 모 경향이 있는가? 피부는 예민한 편이가? 이런 요인들 모두가 시술에 영향을 줄 수 있다. 약물 중 accutane을 복용하는 고객들은 그들의 신체 어느 부위에도 왁스 할 수 없다. 이런 약물요법은 살아있는 피부 조직이 왁스로 인해 벗겨지게 하고, 심각한 아픔을 수반한다. 심지어는 흉터가 남겨질 수 있다. 모든 고객에 대한 정보를 저장해서 안전하게 시술하도록 한다.

(6) 제품 사용법을 숙지한다

왁싱 서비스의 질은 교육과 훈련에 달려 있다. 각각의 왁스의 종류는 다른 테크닉을 필요로 한다. 예를 들면 단단한 왁스는 차갑고 빨리 딱딱해진다. 피부에 시술하고 단단해지면 천 없이 떼어 낼수 있다. 소프트한 왁스는 언제나 천을 필요로 한다. 이런 차이점은 매우 중요하다. 레틴A 또는 아하를 얼굴 위에 사용하고 있는 고객은 하드 왁스만을 시술해야 한다. 왜냐하면 그것이 딱딱해지면 피부로부터 수축했다가 느슨해져서 피부위의 당김을 덜 야기시키기 때문이다.
또한 왁싱 서비스 전에 안티박테리아 성분으로 소독하는 것은 잊지 말아야 한다. 이것을 무시하는 것은 심각한 감염을 일으킬 수 있다.

(7) 아픈 통증을 조절하는 연습을 한다

정확하게 시술했을 때 왁싱은 불편함 이상의 어느 것도 야기 시켜서는 안된다. 그러나 가끔 다른 사람들보다 감정이 예민한 사람들이 있다. 불편함을 최소화하기 위해 가능하다면 가장 얇게 왁스를 시술한다. 피부를 팽팽하게 유지시키고 천을 털난 방향으로 가능한 가깝게 붙인다. 그리고 시작이나 멈춤이 없이 빠르고 부드럽게 반대 방향으로 잡아 당긴다.
조심스러운 테크닉에 더해서 새로운 전문 제품의 사용으로 아픔을 경감시킬 수 있다. 이런 제품들은 살리신산(salicylic acid)이 함유되어 있다. 이것은 털구멍을 깨끗이 하고, 서비스 후의 빨개짐을 최소화 해준다. 살리신산은 아스피린과 관련된 성분이므로 고객에게 아스피린에 알레르기가 있는지 체크하도록 한다.

3. 신체 부위별 왁싱

1) 팔의 제모

준비물

왁스, 스파튤라, 안타셉틱, 왁스워머기, 오일, 무슬린천, 파우더 솜

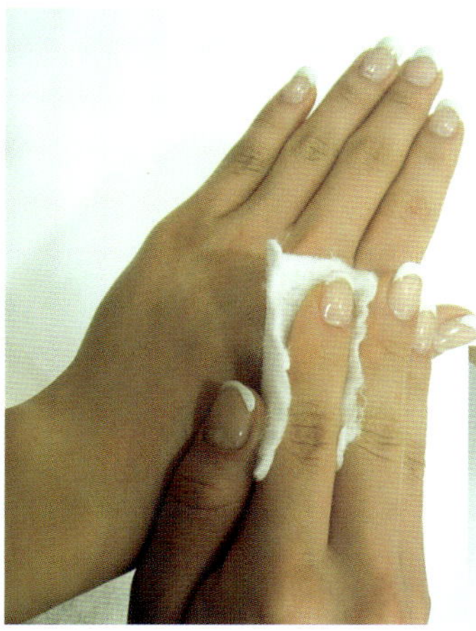

step 1.

시술자의 손을 소독한다.

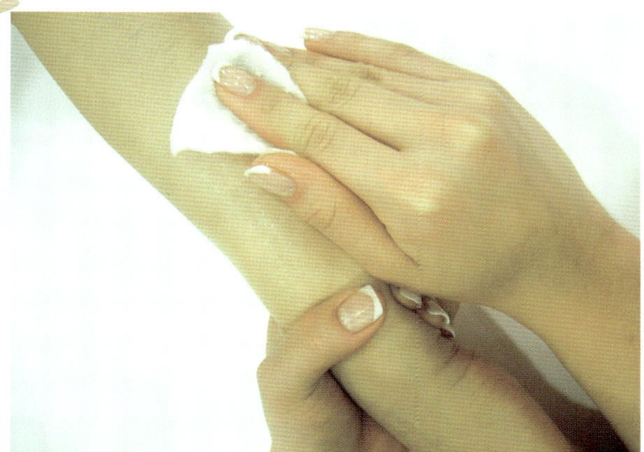

step 2.

제모를 시술할 부위를 소독한다.

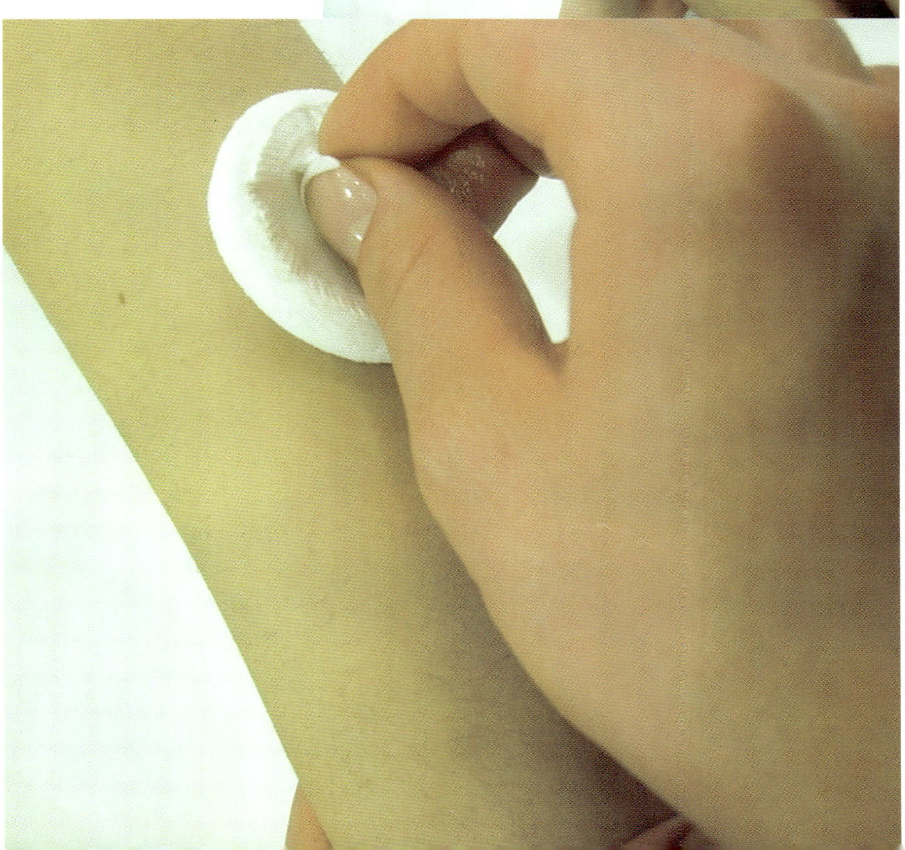

step 3.

소독 후 시술 부위에 남아있는 수분, 유분을 정리하기 위해 파우더를 바른다.

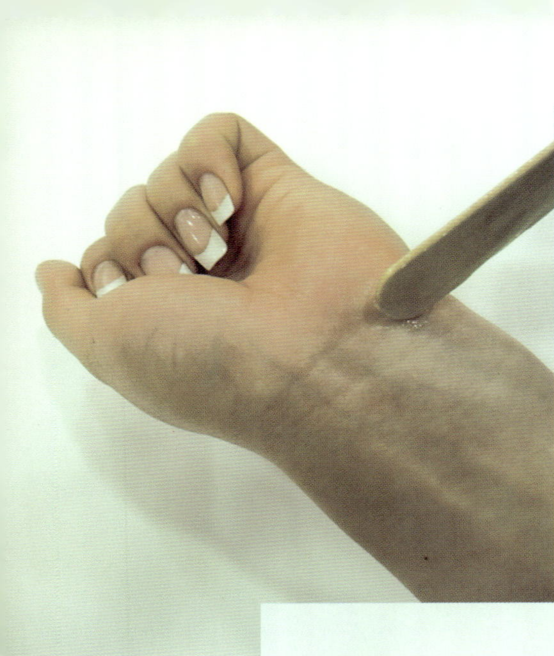

step 4.

스파튤러에 왁스를 묻힌 후 손목 안쪽에 알맞은 온도인지를 테스트한다.

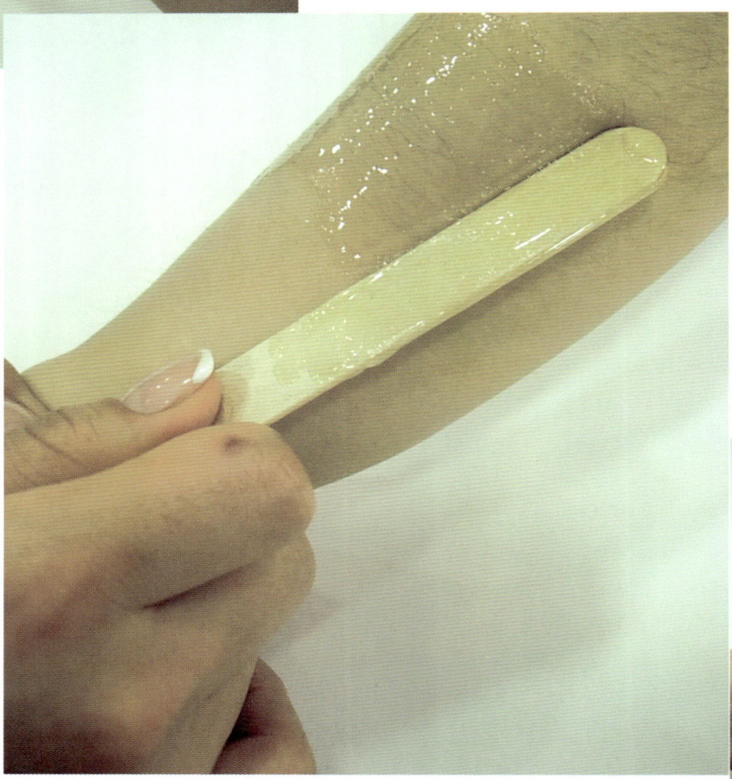

step 5.

털이 자란 방향으로 왁스를 피부와 45° 각도를 유지하면서 얇게 바른다.

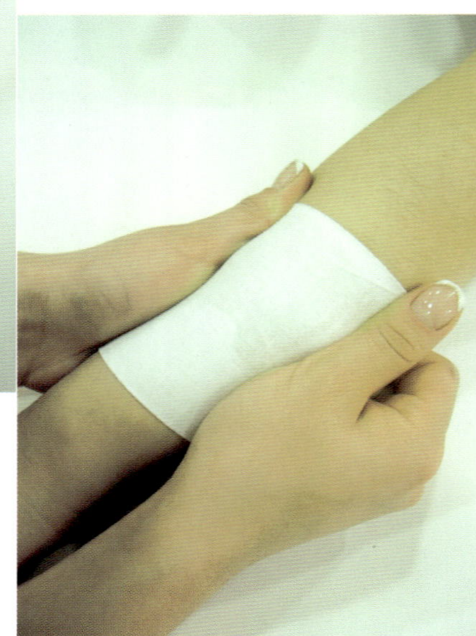

step 6.

왁스 위에 무슬린 천을 붙인다.

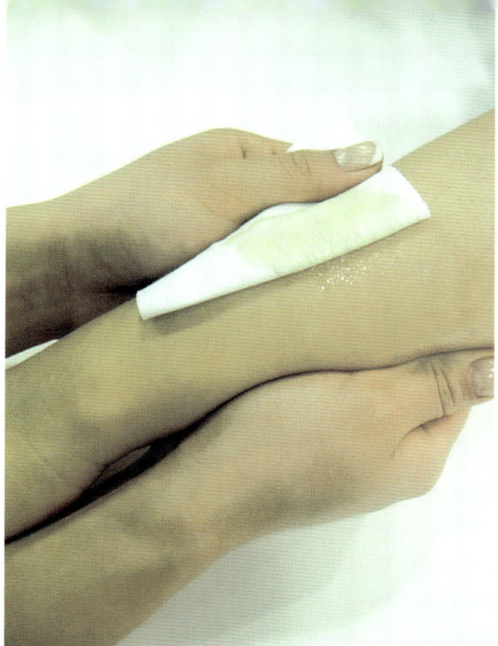

step 7.

무슬린 천을 털 자란 반대방향으로 제거한다. 한 손으로 팔의 아래 부분을 잡고 반대 손으로 무슬린 천의 끝을 잡은 뒤 재빠르게 떼어낸다.

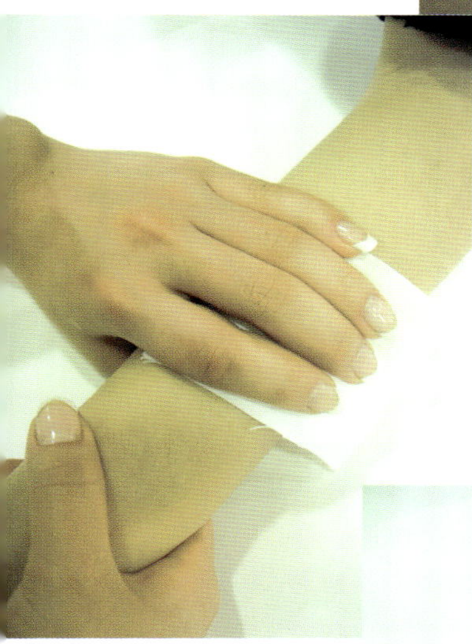

step 8.

제모 부위를 손으로 가볍게 눌러 진정시킨다.

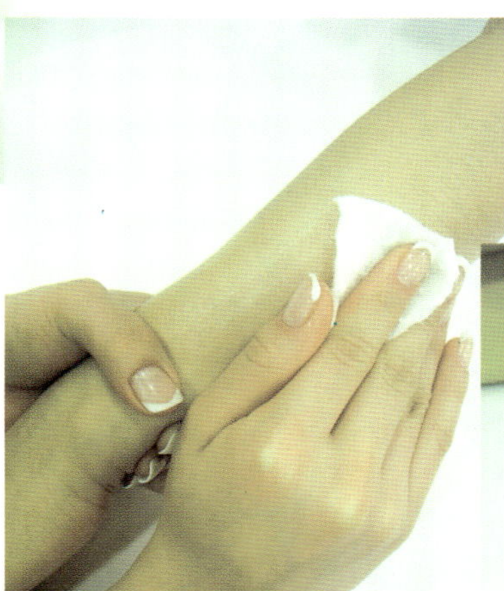

step 9.

오일을 발라 왁스의 잔여물을 닦아낸고 소독한다.

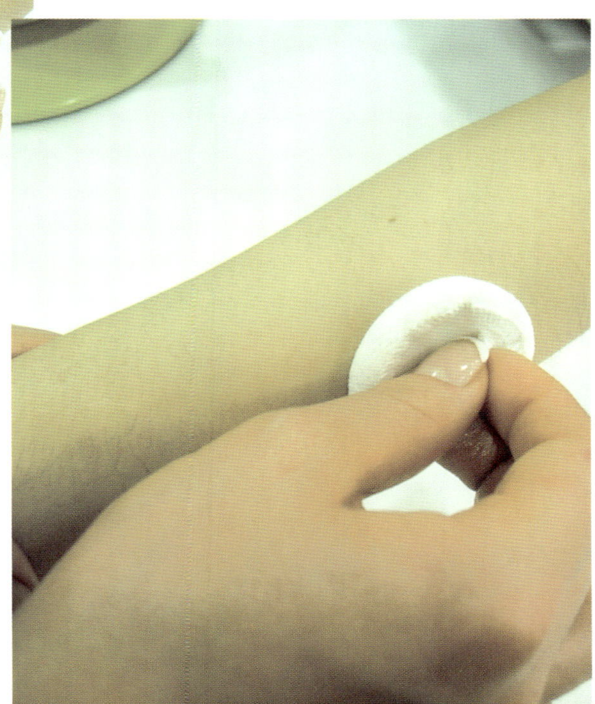

step 10.

파우더로 마무리한다.

2) 그 밖의 신체 부위별 왁싱

(1) 눈썹

· 눈썹 위에 왁스를 스파튤러에 묻혀 한 번에 쭉 밀어 바른다. 왁스 천을 붙여 한 번에 떼어낸다.
· 눈썹 아랫부분에 왁스를 바르고 무스린 천을 붙여 잡아 뗀다.
· 눈썹과 눈썹 사이에 세로로 왁스를 발라준다. 무스린 천을 세로로 붙여 한 번에 떼어낸다.
· 남아있는 아주 짧은 털은 족집게로 뽑아낸다.
· 여분의 왁스는 오일을 발라 닦아낸다.

(2) 겨드랑이

· 털이 길면 일단 가위로 자른다.
· 왁스를 털의 방향으로 얇게 펴 바른다. 민감한 부위는 좁은 면적으로 바르도록 한다. 왁스가 밑으로 떨어지지 않도록 천으로 스파툴라를 받쳐들고 바른다.
· 천을 양손으로 단단히 잡고 붙인다. 털이 자라는 방향으로 더 밀착시켜 붙인다.
· 한쪽 손으로 손을 잡고 털난 반대 방향으로 빠르게 뗀다. 나머지는 족집게로 정리한다.
· 오일로 여분의 왁스를 닦아내고 파우더를 뿌려 마무리한다.

(3) 다 리

· 고객에게 발끝을 반대쪽 다리로 향하도록 쭉 펴도록 한다. 스파툴라를 다리에 수직이 되도록 유지하고 3~4회에 걸쳐 왁스를 무릎부터 발목 위까지 털이 난 방향으로 왁스를 얇게 펴 바른다. 무릎 부위는 세우고 바른다.
· 양손으로 왁스 천을 붙인 후 손바닥으로 더욱 밀착시켜 펴준다. 종아리는 사선으로 붙인다. 천은 털이 난 반대 방향으로 잡아 당긴다.
· 사선 방향으로 시작하면서 발목에서 위로 올라가며, 모든 털들이 제거될 때까지 계속한다. 제멋대로 난 털은 사용한 천으로 덮고 다시 잡아 당긴다. 만약 이렇게 되지 않으면 쪽집게로 털을 뽑다.
· 왁싱이 끝나면 오일을 바르고 파우더로 마무리한다.

3) 왁싱 후 관리

· 냉타월로 시술부위를 진정시킨다.
· 안티셉틱 로션(소염제)을 바른다.
· 왁싱 후 하루 정도는 목욕이나 사우나는 피한다.
· 향 있는 로션, 향수의 사용은 금지한다(특히 겨드랑이 부위 주의).
· 땀과 먼지는 피하도록 한다.

4) 왁싱을 금하는 경우

· 당뇨병 환자
· 자극 부위
· 정맥류 등 혈관 이상이 있는 경우
· 간질 환자
· 피부 질환 부위
· 생리전, 후 민감한 상태, 알레르기성 피부, 약한 피부

13 ... 네일 아트의 소개

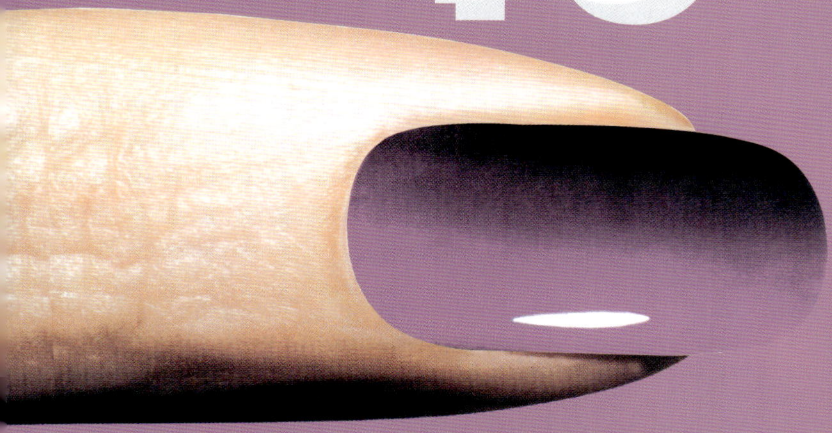

1. 네일 아트

2. 지켜야 할 법칙

3. 준비 단계

4. 주의할 점

13장 네일 아트의 소개

1. 네일 아트

네일 디자인에 있어 선명한 폴리쉬 만큼 중요한 것은 없다. 물론 한가지 색의 컬러라도 하나의 디자인이 될 수 있다. 디자인에 있어서 컬러링은 단순하지 만은 않다. 몇몇 사람들이 좋아하는 것들이 다른 사람에게는 인기가 없을 수 있다. 그러므로 대중의 개인적인 취향이 네일 아트에 표현되어야 한다. 당신은 손으로 그린 꽃이나, 야자수 또는 더 나아가서 데칼, 보석, 레이스 등을 손톱에 장식할 수 있다. 그밖에 많은 다른 것들도 네일 아트 디자인 재료로 사용할 수 있다. 깃털이나 가죽, 라인 테이프를 이용해서 흥미 있는 디자인을 할 수도 있고, 금장식의 보석류는 볼트로 고정시킬 수 있다. 손톱에 달랑거리는 댕글은 시선을 끄는 역할을 한다. 요즘 들어 각광받는 3차원적인 네일 아트는 환상적인 디자인을 만들어 준다.

네일 아트 디자인은 상상하는 한 무한대로 창조될 수 있다.

2. 지켜야 할 법칙

고객에게 어떤 네일 서비스를 행하기 전 소독 과정은 네일 서비스의 가장 중요한 법칙이며 반드시 따라 주어야 한다.

· 모든 위생과 소독 법칙을 따른다.
  시술자의 손과 고객의 손을 소독한다.
· 고객에게 묻는다.
  네일 폴리쉬를 제거하기 전에 네일 팁이나 어떤 타입의 랩을 하고 있는지 확인하고, 논 아세톤 리무버를 사용해서 제거한다. 일반적인 폴리쉬 리무버나 아세톤은 팁이나 랩을 손상시킬 것이다.
· 손톱 질병의 어떤 가능성이라도 체크하라
  만약 어떤 전염성의 질병이 발견된다면 고객에게 케어와 치료에 대해 의논하고, 새로운 약속 스케쥴을 잡는다.
· 모든 네일 베드를 소독한다.
· 고객과 필요한 서비스에 대해 의논한다.
· 손톱을 시술하는 동안 고객에게 홈케어 과정들에 대해 가르쳐준다.
· 진균과 곰팡이 균의 가능성에 대해 설명하라.

3. 준비 단계

언제나 깨끗한 네일 베드로부터 시작한다. 고객이 그들의 손을 소독 비누로 씻도록 하고, 만약에 필요하다면 매니큐어를 하거나 큐티클을 부드럽게 밀어 올린다. 깨끗한 손톱 위에 디자인을 한다면 더 오랫동안 유지시켜 줄 것이다.

· 모든 손톱의 폴리쉬와 폴리쉬 여분을 손톱으로부터 제거한다.
  네일 글루브와 큐티클을 부드럽게 철저히 깨끗이 하라.
· 네일 베드를 소독하기 위해 손톱에 소독제를 사용하고 말린다.
· 고객과 원하는 디자인에 대해 의논한다.
  선택할 수 있는 몇 가지 디자인을 제안 하도록 한다. 챠트나 디스프레이의 어떤 형태라도 샘플 디자인들이 준비되도록 한다.
· 디자인을 선택한다.
  특별한 디자인을 위한 제품과 도구들을 당신의 테이블에 배치한다.
· 처리하기 쉬운 일회용 타월(paper towel)로 당신의 타월을 보호한다.
· 시작하기 전에 선택된 디자인의 요금에 대해 고객과 의논해서 어떠한 오해도 없도록 한다.

4. 주의할 점

· 고객의 개성과 어울리는 디자인을 제안하라.
· 손톱과 큐티클은 디자인을 완성시키기 위해 좋은 상태이어야만 한다.
  이것은 가능한 오래 유지되도록 도와준다.
· 고객에게 디자인을 조심하는 방법에 대해 설명한다.
· 디자인을 선택하는 동안 손톱의 길이에 대해서도 고려한다.
· 어떠한 디자인을 하건 기존의 폴리쉬는 제거하고, 손톱 표면을 깨끗이 한다.

14... 컬러와 스페셜 테크닉

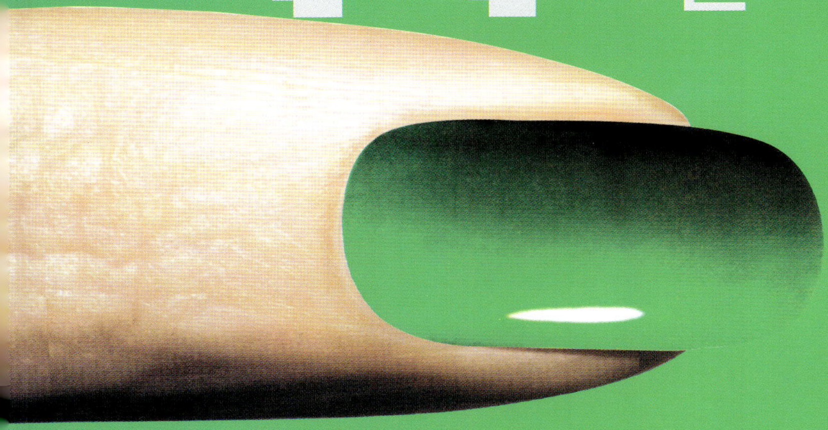

1. 컬러 클리닉

2. 폴리쉬로 표현하는 아트

14장 컬러와 스페셜 테크닉

1. 컬러 클리닉

네일 아티스트가 한 고객에게 많은 시간을 허비하는 것은 흔한 일이다. 그렇지만 평균적으로 폴리쉬 하는 것은 5분 이상 초과해서는 안 된다. 많은 네일 아티스트들은 수입을 올리기 위해서 인조 손톱 시술 중 스컵쳐나 젤을 연습함으로써 시간을 단축시키고자 노력하지만 종종 폴리쉬 바르는 것은 무시하기 쉽다.

1) 준비 과정

어떤 시술이건 간에 과정 중 일부분은 준비 작업이며 다음은 시간을 단축시키기 위한 요령들을 적어 놓았다.

· 100% 퓨어(pure) 아세톤과 천연 솜을 사용한다. 퓨어 아세톤을 사용한다면 폴리쉬를 지우는 것을 더 빨리 할 수 있다. 그렇지만 약한 손톱이나 인조 손톱에는 논 아세톤 리무버를 사용하는 것이 바람직하다. 폴리쉬를 지우고 난 후 큐티클을 밀어 올려 남아있는 폴리쉬를 제거하도록 한다.

· 손톱을 비누와 물로 깨끗이 씻는다. 기름기가 있는 손톱 표면에 폴리쉬는 얼룩이 지며 좋은 결과를 기대할 수 없다. 깨끗한 네일 플레이트는 필수 조건이다. 매니큐어 서비스를 마치고 폴리쉬를 바를 준비를 철저히 한다.

· 베이스코트 바르는 것을 잊지 않는다. 폴리쉬의 접착력을 위해 사용하며, 좋은 품질의 베이스 코트 사용은 폴리쉬가 오래 지속되도록 한다. 가장 좋은 베이스 코트는 릿지필러이다. 이것은 부드러운 표면을 만들고 컬러의 시술을 도와준다.

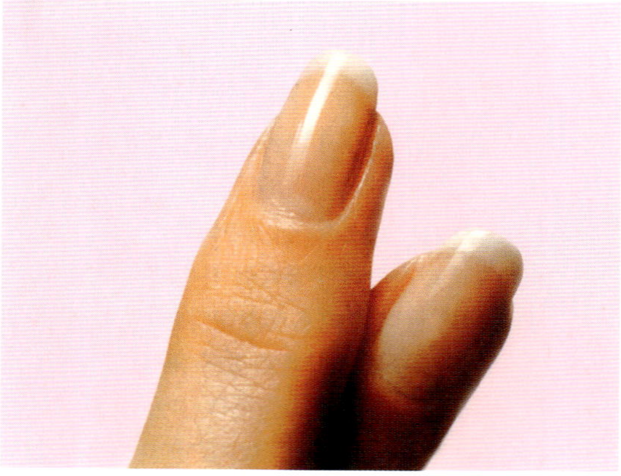

2) 폴리쉬 고르는 요령

네일 폴리쉬를 가격이나 포장 때문에 구입하지 않도록 한다. 항상 컬러와 질을 보고 선택하도록 한다.

· 브러쉬는 폴리쉬 작업의 질에 중요하다.

· 오래된 폴리쉬는 시간을 허비하게 한다.

· 폴리쉬는 잘 흘러내리고 펴 바를때 커버감이 좋아야 한다.

· 새로운 폴리쉬가 너무 묽은 경우에는 몇 분간 뚜껑을 열어서 농도를 조절한다.

3) 폴리쉬의 유효기간 및 저장

네일 폴리쉬는 대략 1~2년의 유효기간을 가지며, 차갑고 어두운 장소에 보관되고 뚜껑을 잘 닫아두는 것이 좋다. 폴리쉬가 공기 중에 노출된다면 농도가 진해지기 시작하면서 느리게 흘러내리고 빨리 끈적해 진다. 언제나 폴리쉬 병은 단단히 조여서 빨리 굳는 것을 방지하도록 한다. 만약에 폴리쉬가 굳는다면 몇 방울의 띠너(thinner)를 폴리쉬에 섞어서 사용하도록 한다. 그렇게 하면 폴리쉬의 수명을 연장할 것이다. 만약에 폴리쉬가 분리되거나 너무 굳어지면 버린다.

4) 폴리쉬 바르는 법

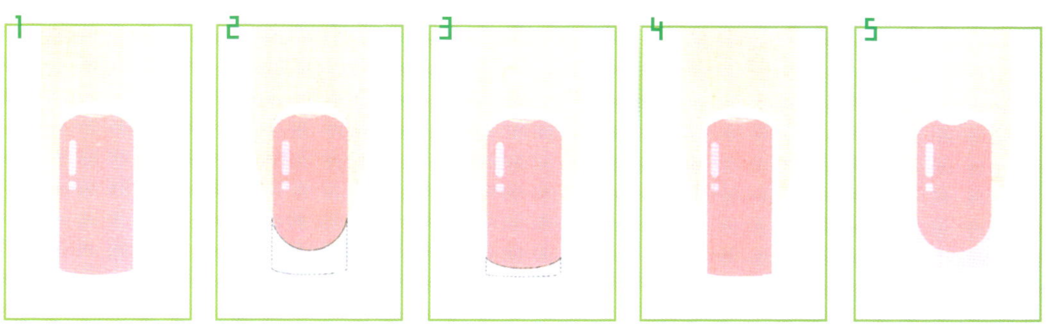

1. 전체 코트(full coat) : 손톱 전체에 폴리쉬를 발라주는 것.
2. 프리엣지(free edge) : 손톱이 자라난 하얀 부분만 빼고 칠하는 것.
3. 헤어라인 코트(hairline coat) : 전체 코트를 칠한 후 손톱 끝 둘레를 약 1/16인치 리무버로 지워낸 뒤 탑코트를 발라 마무리.
4. 슬림라인 코트 (slimline coat) : 손톱을 좁고 가늘게 보이도록 폴리쉬를 바르는 방법. 양 옆을 약 1/16인치 정도 남겨놓고 바른다.
5. 루눌라 코트(lunula coat) : 손톱의 반달 부분만 남기 고 칠하는 것.

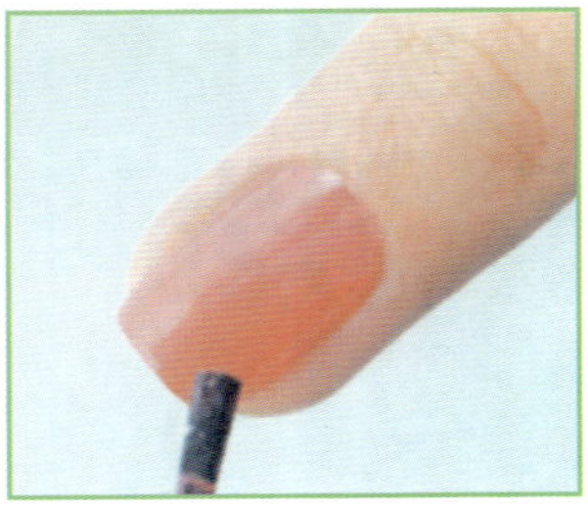

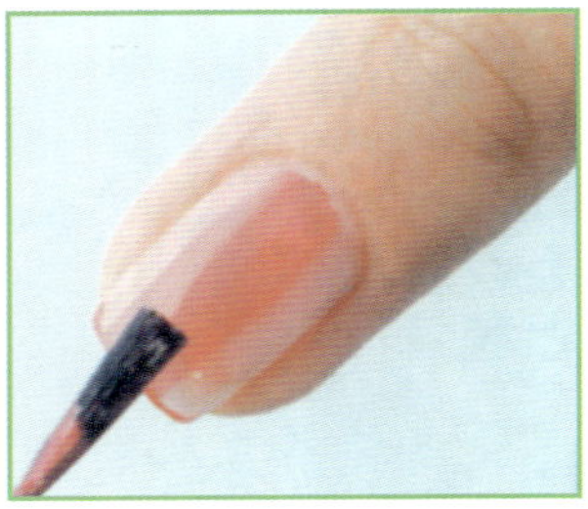

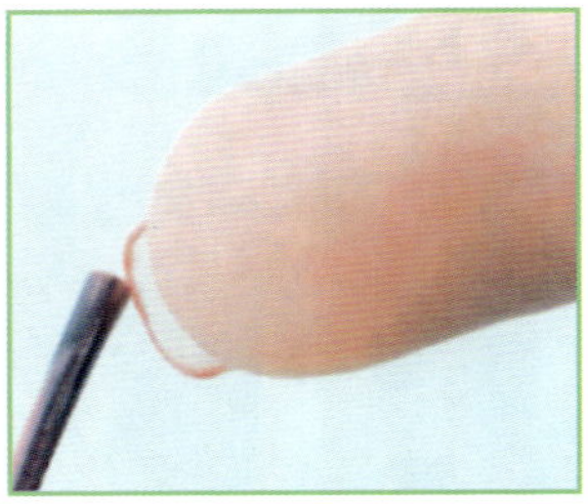

Step 1.

먼저 폴리쉬를 잘 섞는다(색상이 분리되어 있는 경향이 있으므로).

Step 2.

새끼손가락을 지렛대로 사용해서 폴리쉬 하는 손의 균형을 맞춘다.

첫번째 훑어 내리기는 큐티클 바로 밑부분 손톱의 중앙에 먼저 바른다. 폴리쉬를 큐티클 쪽에 누르고 아래로 쓸어 내린다.

Step 3.

두 번째는 양쪽면을 쓸어 내린다.

네일 그루브에 여분의 폴리쉬가 흘러 들어가는 것을 피해야 한다. 당신은 좋은 커버감을 위해 겹쳐 발라야 한다.

Step 4.

손톱의 끝부분도 컬러를 바른다.

Step 5.

다음 손톱으로 진행할 때는 반드시 브러쉬를 다시 담갔다 꺼내서 사용한다. 왜냐하면 폴리쉬는 빨리 마르기 때문에 줄이 질 수 있다.

Step 6

두번째 덧바르고, 전체 손톱에 탑코트를 바른다

Tip

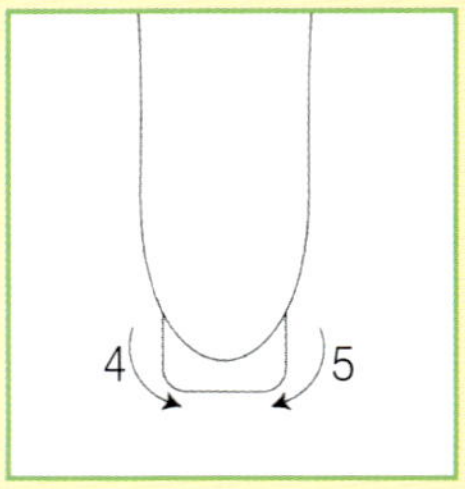

5) 폴리쉬 수정하는 요령

벗겨진 폴리쉬를 수정하는 몇가지 다른 방법이 있다. 그러나 대부분 약간의 연습을 요한다.

(1) 까지고 얼룩진 폴리쉬(Chipped and smudged polish)

· 리무버와 폴리쉬를 준비한다.
· 손가락에 패드를 끼우고 리무버로 촉촉하게 한 다음 재빨리 벗겨진 부분을 닦아낸다(리무버로 깨끗이 지우는 동안 주변의 폴리쉬는 부드러진 상태가 된다).
· 약간의 폴리쉬를 브러쉬에 묻혀서 벗겨진 부위에 좋고 몇 초간 정착되도록 기다린다(이런 기다림은 벗겨진 부분이 재입혀(coat)지도록 하는데 필요하다).
· 즉시 전체 손톱에 한번 바른다.
만약에 이것이 정확히 행해진다면 매끄럽게 발린 폴리쉬에 만족할 것이다.

(2) 번진 부분 닦아내기(To clean up smudges)

· 오렌지 우드 스틱에 솜을 감아 준비한다.
(끝이 뾰족한 타입이 선을 부드럽게 내기 쉽다.)
· 번진 부위를 리무버를 사용해서 닦아낸다. 그러나 느슨해진 섬유소가 미처 마르지 않은 폴리쉬 속으로 들어가지 않도록 한다.
· 리무버 속에 다시 오렌지우드 스틱을 담갔다 꺼낼 때에는 스틱 위로 따라온 어느 폴리쉬도 즉시 닦아낸다. 그렇지 않으면 손가락 주변이 얼룩질 것이다.

6) 지우는 법

100% 천연 솜으로 폴리쉬를 지우는데 사용한다. 작은 사이즈의 솜이 바람직하며 만약에 합성 솜을 리무버에 사용한다면 화이버가 가라앉아서 찌꺼기가 손톱베드에 남을 것이다. 이것은 폴리쉬에 작은 찌꺼기를 남긴다.

색상에 따라서 밝고 투명한 네일 폴리쉬를 지운다면 논 아세톤 리무버가 좋다. 그러나 어둡고 강한 컬러를 발랐다면 아세톤으로 된 리무버를 사용한다.

Step 1.

솜을 리무버에 적시지만 너무 흠뻑 적시지 않는다.

Step 2.

손톱 위에 솜을 얹고 손톱 끝을 향하여 닦아낸다. 앞 뒤로 왔다 갔다 하는 동작은 폴리쉬가 큐티클에 번지게 하므로 하지 않는다. 폴리쉬의 남은 여분은 오렌지우드 스틱에 솜을 감아 제거한다. 컨페티(confetti)와 다른 반짝거리는 폴리쉬는 지우기가 매우 어렵다. 각각의 손톱이 부드러워질 때까지 리무버 속에 담근다. 그런 다음 솜을 적셔서 지운다.

Step 3.

과정을 마친 후에는 언제나 따뜻한 물에 리무버 찌꺼기를 씻어내고 모이스춰라이저 한다.

2. 폴리쉬로 표현하는 아트

1) 컬러 스토리

당신이 입고 있는 옷과 같이 네일 폴리쉬의 색조는 개인적인 스타일(style)을 반영한다. 트랜드는 변한다. 50년대를 기억해 본다면 빨강색 폴리쉬를 즐겨 발랐다. 60년대는 화이트펄 폴리쉬를 바른다면 최신식의 소녀로 여겨졌다. 70년대에는 사이키델릭 밝은 색조의 10년이었다. 80년대에는 투명한 폴리쉬로 스포츠에 세련되게 어울렸다. 1990년대에 어느 유명한 화장품 회사가 매우 어두운 딸기 빛의 폴리쉬를 소개했을 때는 틴에이지부터 할머니에 이르기까지 대단히 인기가 있었다. 게다가 세련된 'French'는 너무나 굉장했다. 모든 네일 폴리쉬 회사가 홍보하기 시작했고, 도미노 현상을 야기시켰다. 각각의 네일 제품 회사들은 보다 더욱 특별한 컬러들을 창조하면서 손톱은 아티스트의 팔레뜨처럼 보이기 시작했다. 컬러의 무한한 가능성에 눈뜨기 시작한 것이다.

2) 컬러의 무한한 가능성

집에 있거나 일하건 간에 매니큐어 된 손톱은 보기 좋고 기분을 좋게 한다. 세련된 헤어 컷이나 메이크업과 다르게 완벽하게 다듬어진 손과 손톱은 당신에게 끊임없는 기분을 준다. 왜냐하면 그것들은 자신의 시야 안에 있기 때문이다. 밝게 컬러링 된 손톱은 기분을 들뜨게 만들 수 있고, 손톱의 데칼은 즐겁고 재미있게 느낄 수 있다.

화이트에서 블랙까지 그 사이의 모든 무궁 무진한 컬러들은 손톱의 개성이며 자기 표현이 되고 있다. 클래식한 핸드백, 좋은 품질의 구두, 세공된 보석과 마찬가지로 네일 폴리쉬는 하나의 필수적인 액세서리가 되며 표현을 하기 위한 확실한 방법이다. 이 장에서는 가장 멋있는 색조들로 전문가의 시술에 따라 나타냄으로써 올바른 표현을 도와줄 것이다.

페일 톤, 메탈릭, 글리터까지 아름답게 폴리쉬를 바른 손톱은 스타일의 완성이다. 이제 길고 아름답게 모양(shape) 잡은 손톱을 가지고 몇 가지 마술을 해 보자. 로맨틱한 데이트, 졸업, 결혼식, 축제와 같은 상황에서는 때때로 '스페셜' 매니큐어가 요청된다.

3) 폴리쉬로 표현하는 아트의 세계

(1) 투명한 폴리쉬(Sheer)

투명한 컬러는 여성의 모습을 섬세하고 부드럽게 만든다. 극히 얇은 색은 매우 투명하며 컬러의 범위는 화이트, 크림, 핑크, 베이지, 코랄, 라벤다, 피치 등이다. 엷은 색은 클래식한 느낌을 주며, 바르기도 쉽고 지우기도 간단하다. 엷은 색을 겹쳐 바르면 좀더 불투명한 느낌을 준다. 한번, 두번, 세번 바르기의 질감을 테스트해 보는 것도 좋다.

(2) 손톱 물들이기(Nail stain)

손톱을 물들이는 것은 입술에 있어서 립그로즈를 바르는 것과 같은 느낌이다. 바로 립그로즈와 같은 글로시한 컬러의 매력은 말할 것도 없이 현대적인 아름다움을 준다.

깊고 어두운 립스틱은 얼룩이 지고 바르기 어려운 것과 같이 깊고 어두운 네일 폴리쉬도 마찬가지이다. 네일 스테인은 그 단점의 완벽한 해결책이다. 간단하게 소량의 컬러와 함께 클리어하고 글로시하게 만드는 것이다(레드, 다크 베리(dark berry), 바이올렛, 오렌지, 핑크를 포함해서)풍부하게 안료가 섞인 기본적인 폴리쉬 몇 방울을 클리어 폴리쉬 병에 더하고, 잘 섞어서 자신만의 네일 스테인을 만든다. 네일 스테인을 1번에서 3번 바르기까지 실험하는 것은 당신의 개인적인 취향에 따라본다.

(3) 은은한 빛의 폴리쉬(Shimmers)

은은한 빛의 폴리쉬는 투명한 폴리쉬에 오팔과 같은 작은 조각들을 포함하고 있다. 이것을 한번 또는 두 번 발라 본다. 또는 응용해서 투명한 폴리쉬(sheer polish)를 바르고 은은한 펄 폴리쉬(shimmer polish)를 발라서 코디네이트 할 수 있다(예를 들면 투명베이지+골드 shimmer, 투명 라벤더+오팔 shimmer 등).

(4) 금속성의 색조(Metallics Frosts)

금속성의 색조는 크림 색조에 브론즈, 골드, 실버, 코퍼(copper)를 섞은 것이다. 서리와 같은 색조는 기본적인 크림 색상과 펄 polish를 섞어 만든다. 유행하는 보석과도 같이 멋진 레드(밝고, 어두운), 리치핑크, 코랄, 퓨셔(fuchsia)는 어느 누구에게나 어느 나이, 어느 시간, 어느 때에도 아름답게 보인다.

보석과 같은 색조(Jewel-tone)에 시술될 때는 특별한 주의가 요청된다. 브러쉬에 너무 많은 폴리쉬가 묻지 않도록 한다. 그렇지 않으면 시술하는 동안 큐티클 위로 흘러들어 갈 것이다. 왜냐하면 이런 색조들은 매우 안료가 풍부하기 때문이다. 그리고 언제나 손톱 위에 얼룩을 방지하기 위해서 릿지 필링을 하는 베이스 코트를 사용한다.

(5) 3-D(3-Dimensional)

폴리쉬로 표현하는 3-D의 효과는 층층이 바름에 의해 나타난다.

방 법

· 펄이 든 폴리쉬로 2번 바른다.
· 손톱이 마르길 5분간 기다린다.
· 컬러와 코디네이트 되는 반짝이(glitter)를 한번 바른다. 그리고 3분간 마르길 기다린다.
· 마지막 멀티 컬러의 반짝이 폴리쉬를 더해서 아름다운 3차원 세트를 완성한다. 컬러의 선택은 손톱의 모양을 시각적으로 변화시킬 수 있다.

Tip

색조 만드는 트릭

더 어두운 폴리쉬를 만들고 싶으면 검은색 폴리쉬를 몇방울 섞는다. 더 밝은 폴리쉬는 화이트 폴리쉬를 몇방울 섞는다. 그리고 잘 흔들어 섞는다.

15... 창조적인 네일 디자인

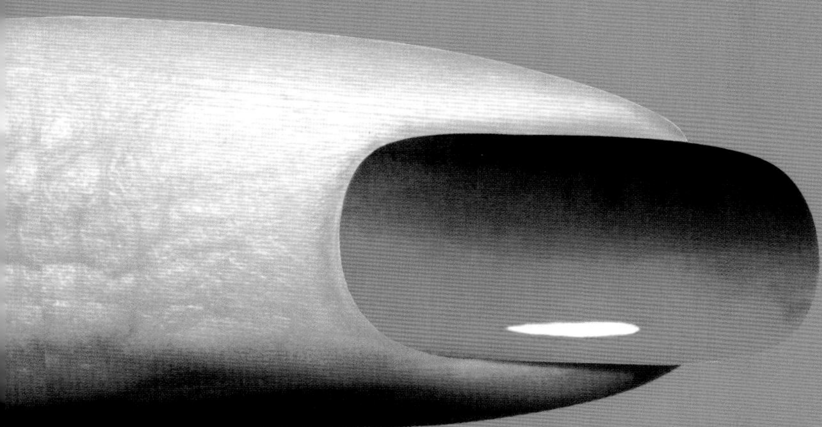

1. 프렌치 매니큐어
2. 레이어링 디자인
3. 스톤 아트
4. 라인 테이프 아트
5. 반짝이, 펄 아트
6. 깃털 아트
7. 호일 아트
8. 구슬 아트
9. 레이스 디자인
10. 네일 참, 댕글
11. 인조 가죽 디자인
12. 3-D 네일 아트
13. 컨페티 디자인
14. 데칼
15. 마블링 아트
16. 프리핸드 페인팅

15장 창조적인 네일 디자인

1. 프렌치 매니큐어(French Manicure)

화이트 그리고 살빛으로 컬러링된 기본적인 프렌치 매니큐어는 손톱에 폴리쉬하는 특별한 방법이다. 자연스럽고 우아한 느낌을 주며, 몇 가지 프렌치 매니큐어의 변형은 매우 인기가 있다.

준비물

베이스코트, 베이지 핑크의 내추럴 톤 , 화이트 컬러, 탑코트, 오렌지우드 스틱

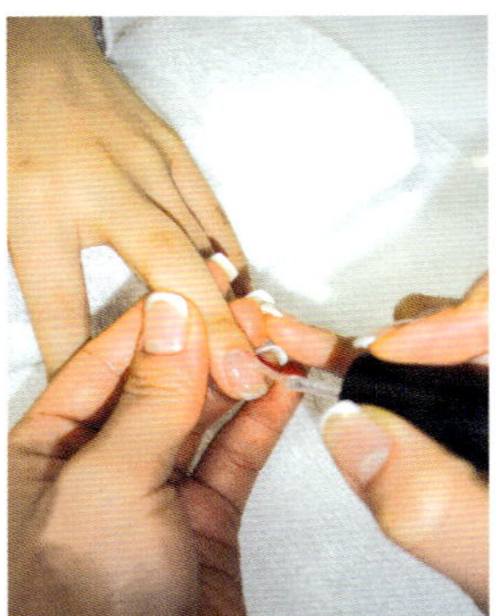

방 법

- 베이스코트를 바른다.
- 사용하기 전에 화이트 폴리쉬를 잘 섞는다. 다른 컬러들보다 빨리 굳으므로 매번 흔들어 사용한다.
- 고객의 손가락을 아래로 향하게 위치시키면 시술하기 편하다. 살빛으로 채색된 순수한 폴리쉬를 전체 손톱에 칠한다.
- 화이트 폴리쉬로 프리엣지의 한쪽에서 다른 쪽까지 단번에 깨끗한 선을 만든다. 같은 방법으로 다른 쪽도 반복한다. 스마일선은 네일 베드가 시작되는 프리엣지 부분을 덮어야 한다. 이 과정은 디자인을 최상으로 보이게 하는데 중요하다.
- 다시 내츄럴톤의 핑크 폴리쉬를 가지고 전체 손톱을 칠한다. 이것은 화이트의 색상을 미묘하게 변화시킨다. 몇 분 간 마른 후 필요하다면 두번째 코트를 시술한다.
- 디자인을 보호하기 위해 탑코트를 바른다. 화려한 느낌을 원하면 오팔이나 실버 화이트를 탑코트 바르기 전에 시술한다.

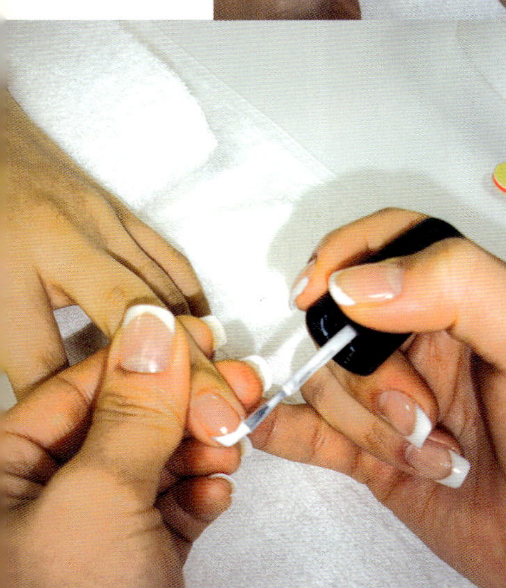

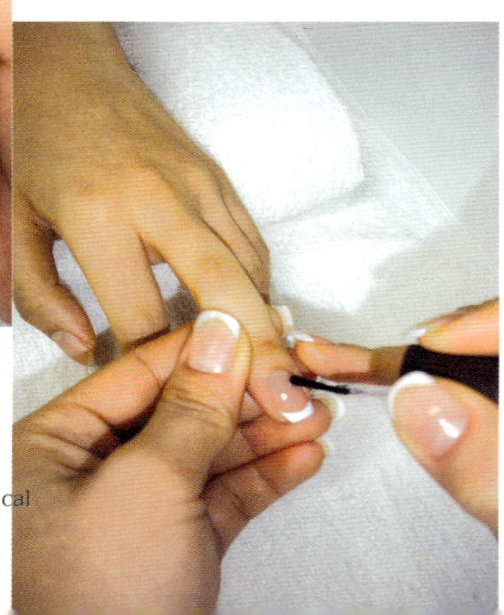

Tip

주의점

- 화이트 폴리쉬를 두껍게 바르지 않도록 한다. 그렇지 않으면 잘 마르지 않는다.
- 각 손톱의 화이트 두께는 같은 길이로 일정하게 한다.
- 겹쳐 바르기 전에 시간 여유를 두고 폴리쉬를 마르게 하는 것이 일을 쉽게 한다.
- 스마일 선을 다른 모양으로 시도하거나 다른 컬러를 사용해 본다.

2. 레이어링 디자인(Layered nail polish designs)

폴리쉬 컬러들을 겹쳐 바름으로써 여러 가지 패턴의 아름다운 디자인을 창조 할 수 있다. 손톱에 2가지의 다른 컬러와 선모양을 만들면서 당신의 플리쉬 디자인을 만들 수 있다. 간단한 예를 들면 다음과 같다.

· 레드 크림 색상+멀티 컬러 반짝이
· 블랙 크림 색상+골드 반짝이
· 노란색 크림 색상+오렌지 반짝이
· 블루 크림 색상+퍼플 반짝이
· 회색 크림 색상+와인 반짝이

준비물
서로 어울리거나 보색이 되는 여러 가지 색상의 폴리수 , 오렌지우드 스틱

방 법
· 베이스 코트를 바른다.
· 베이스 컬러가 되는 폴리쉬를 바른다.
· 네일의 베이스가 되는 컬러를 두번째 바른다. 프리엣지 부분은 더 얇게 바른다. (프리엣지는 여러겹 발라져서 잘 마르지 않기 때문이다.)
· 베이스 컬러가 마른 후에 두번째 컬러를 베이스 컬러 공간에 겹쳐 바른다.
· 자유로운 패턴으로 완성하고 마른 후 탑코트로 보호한다.

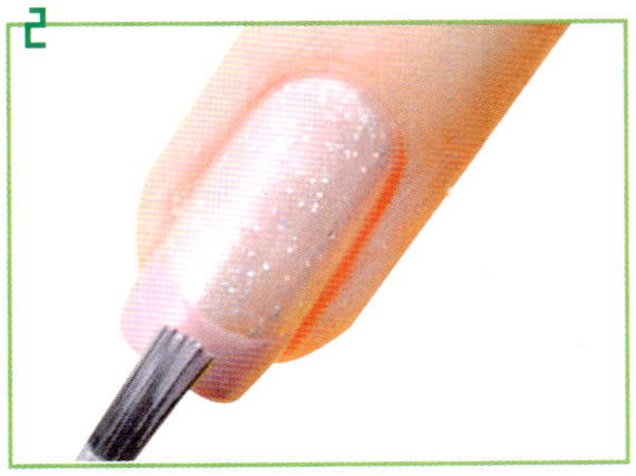

Tip
주의점
· 겹쳐 바르기 전에 반드시 말린다.
· 디자인이 완성되었을 때 너무 두꺼워지지 않도록 프리엣지 부분은 더 얇게 처리한다.

3. 스톤 아트(Gemstone application)

스톤, 펄(진주), 크리스탈은 목, 팔목, 귀를 장식할 뿐 아니라 손톱 하나 하나에 환상적인 아름다움을 준다. 당신은 또한 보석과 다른 아트 재료와 혼합해서 흥미있는 디자인을 창조해 낼수 있다.

준비물

탑코트, 오렌지우드 스틱, 스톤

방 법

· 보석을 붙이고자 하는 위치를 정한다.
· 붙이길 원하는 곳에 탑코트를 한점 찍는다.
· 오렌지우드 스틱의 끝 부분에 적은 양의 탑코트를 바른다.
· 스틱의 젖은 부분으로 보석의 윗부분을 터치한다.
· 정해 놓은 위치에 눌러 붙인다.
· 디자인이 완성될 때까지 반복한다.
· 보석을 다 붙인 후 손톱 전체에 탑코트를 바른다
· 오렌지우드 스틱 대신에 족집게를 사용해도 좋다.

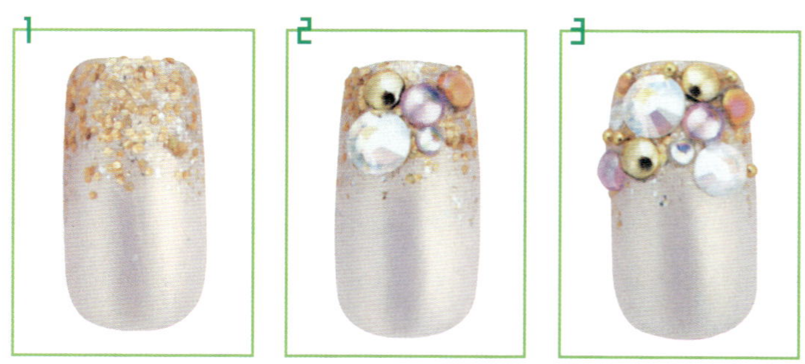

Tip

주의점

· 디자인을 시작하기 전 베이스 디자인을 보호하기 위해서 언제나 탑코트를 바르고 말린다.
· 탑코트를 바를 때 부드럽고 천천히 브러쉬를 사용해서 기포가 생기지 않도록 한다.
· 큰 사이즈의 스톤은 네일 글루를 사용해서 붙인다.

4. 라인 테이프 아트(Nail Tape application)

라인 테이프는 전통적인 매니큐어에 흥미를 주는 재미있는 방식이다. 골드와 실버 색상이 가장 많이 쓰인다. 테이프는 단독으로 또는 다른 네일 디자인 재료와 혼합되어 쓰인다.

준비물

접착력이 있는 라인 테이프, 탑코트, 니퍼와 작은 가위

방 법

· 손톱 길이의 대략 너비로 테이프를 풀어서 원하는 위치에 놓는다.
· 테이프를 고정시키고 자른다. 패턴을 완성시킬 때까지 끝은 길게 남겨 놓는다.
· 오렌지우드 스틱을 사용해서 단단히 고정시킨다. 테이프 밑이 들뜨지 않도록 주의하고 특히 끝부분은 잘 고정시킨다.
· 디자인을 완성시키기 위해서 앞의 과정을 반복한다.
· 니퍼와 가위로 모든 테이프의 끝 부분을 자른다.
· 모든 테이프의 끝 부분들이 손톱에 잘 붙어 있는지 체크한다. 만약에 끝부분이 들떠 있다면 약간의 탑코트를 밑에 바르고 잠시 말린 다음 오렌지우드 스틱으로 눌러 붙인다.
· 탑코트로 마무리한다.
· 탑코트가 마르고 난 뒤 테이프가 단단히 붙어 있는지 체크한다. 그렇지 않으면 오렌지우드 스틱으로 부드럽게 밀착시킨다. 다시 한번 확실하게 하기 위해서 탑코트를 테이프의 끝부분에 칠한다.

1
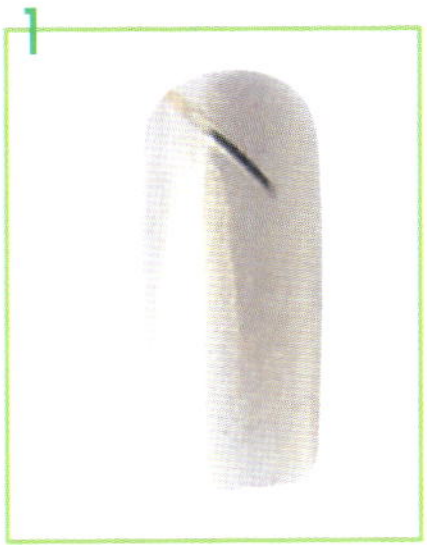
2

3
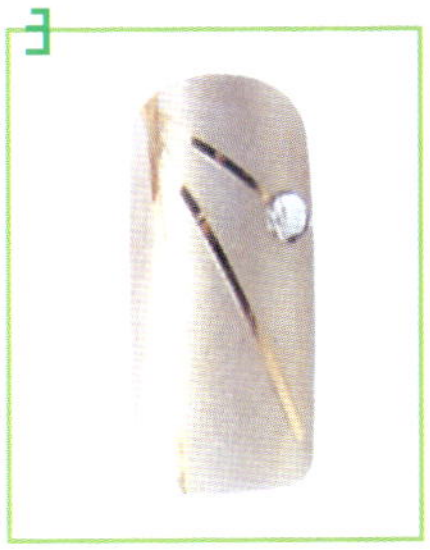
4
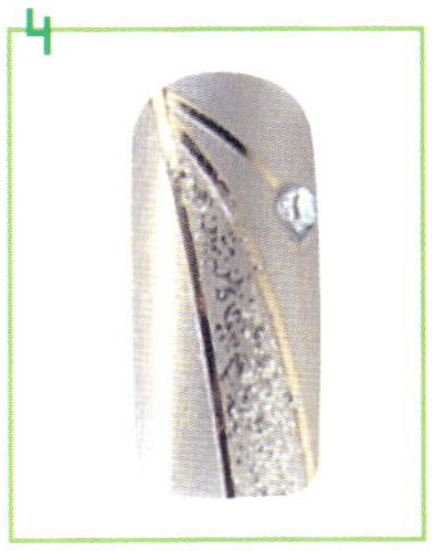

Tip

주의점

· 테이프를 시술하기 전 탑코트를 완전히 말린다.
· 모든 테이프의 끝 부분을 일정하게 정리한다.
· 테이프의 뒷면을 만지지 않는다. 그러면 잘 붙지 않는다.

5. 반짝이, 펄 아트(Glitter Art)

손톱 위의 반짝거리는 입자들은 재미와 복고풍의 모습을 만든다. 이것은 쉽고 재미있는 디자인이지만 잔손질이 많이 가는 정교한 작업이다. 당신이 상상하는 바에 따라 손톱 전체에 덮을 수도 있고 단지 팁 부분이나 중간 부분의 악센트로서 사용할 수도 있다.

준비물

큰종이, 탑코트, 여러 가지 색상의 반짝이

방 법

· 테이블 위에 떨어지는 여분의 반짝이들을 담기 위해 큰 종이를 놓는다.
· 반짝이를 디자인하길 원하는 부위에 탑코트를 바른다.
· 탑코트가 마르기 전에 반짝이를 흩뿌려서 그 부위를 완전히 커버한다.
· 부드럽게 손가락을 톡톡 두드려서 손톱의 여분 반짝이를 털어 낸다. 이때 작은 더스트 브러쉬를 사용할 수 있다. 그렇지만 손톱 위에서는 불지 않는다. 그것은 매우 비위생적인 행동이다.
· 이 부분을 완전히 말린다. 만약에 다른 반짝이 컬러를 원한다면 탑코트를 손톱의 다른 부분에 시술하고 과정을 반복한다.
· 디자인이 완성된 후에는 탑코트로 마무리한다.

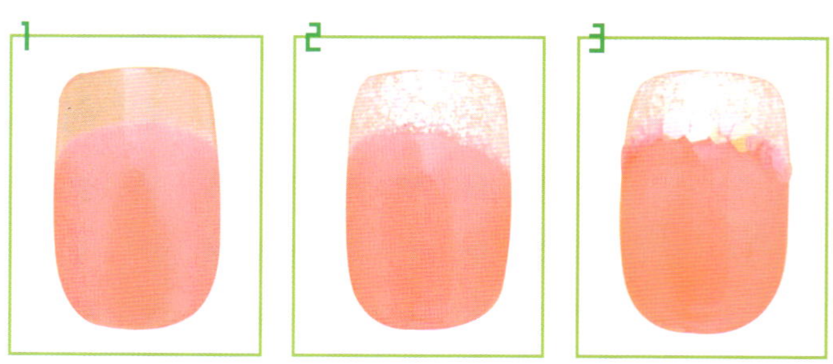

Tip

주의점

· 반짝이는 촉촉한 표면에 들러붙으므로 반짝이를 뿌리기 전 손톱은 완전히 마른 상태이어야 한다.
· 부드럽게 여분의 반짝이를 손톱으로부터 털어 낸다. 그렇지 않으면 디자인을 망치고 재작업해야 한다.
· 반짝이로 덮힌 디자인은 탑코트를 두번 바른다. 그러면 마찰되어도 벗겨지지 않는다.

6. 깃털 아트(Feather Art)

깃털들은 전체나 부분적으로 사용할 수 있으며, 다른 매개체들과 섞여서 손톱에 멋진 디자인을 만든다. 깃털을 사용하는 네일 아트 디자인들은 독특하고 아름다운 디자인 중의 하나이다. 당신의 상상력과 기본적인 테크닉을 사용함으로써 자신만의 디자인을 창조할 수 있다.

준비물

탑코트, 깃털, 작은 가위, 오렌지우드 스틱, 족집게

방 법

· 원하는 깃털을 선택하고 초과분을 깃대의 끝으로부터 제거한다.
· 탑코트를 바른다.
· 족집게로 깃털의 깃대를 잡고 젖은 폴리쉬 위에 깃털을 놓는다.
· 오렌지우드 스틱을 사용해서 손톱에 평평하게 붙도록 잘 편다.
· 탑코트를 깃털 방향으로 바른다.
· 말린다. 마르고 있는 동안 당신은 깃털을 부드럽게 딜어서 폴리쉬 위에 부드럽게 퍼지도록 할 수 있다.
· 날카로운 가위를 사용해서 깃털의 테두리 부분을 자른다. 손톱 끝 부분에 매달리지 않도록 가능한 한 손톱에 가깝게 자른다.
· 두 번째 탑코트를 바르고, 깃털의 끝부분은 특별히 신경쓴다.

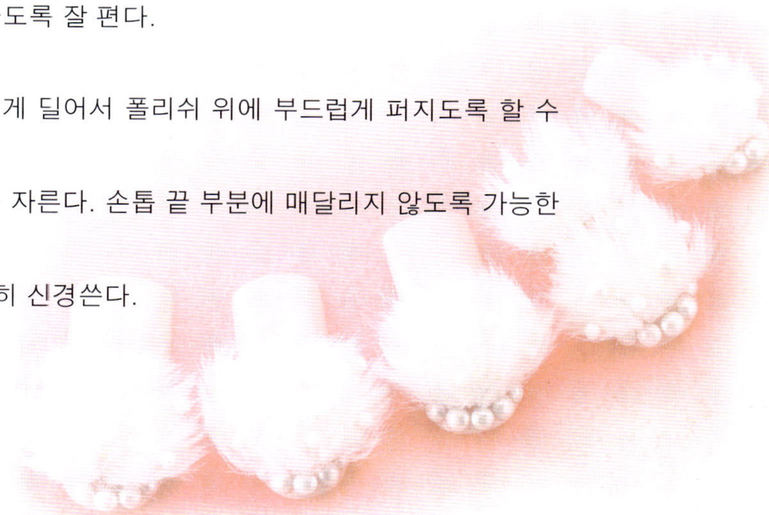

1
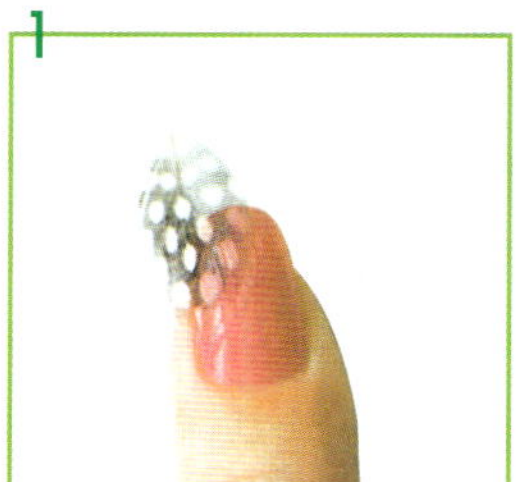

2
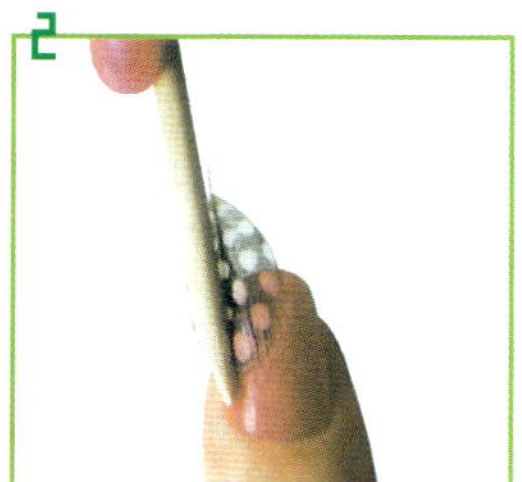

3
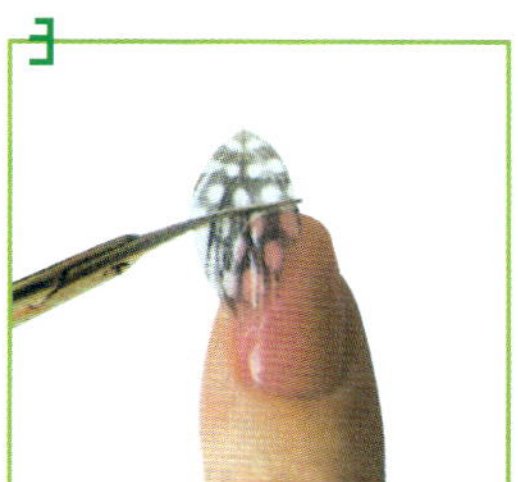

4
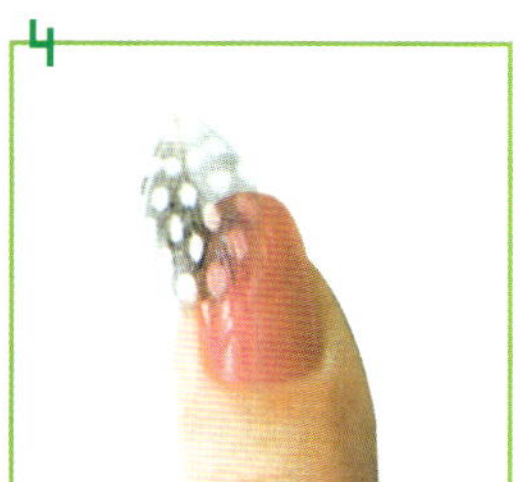

Tip

주의점

· 손톱의 끝부분에 가깝게 깃털을 자른다.
· 기포가 생기지 않도록 천천히 탑코트를 바른다.
· 폴리쉬 위에 깃털을 붙일 때는 탑코트를 여러번 사용한다.

7. 호일 아트(Foil Art)

호일은 매번 디자인을 만들 때마다 다르게 완성되어지는 재미있는 기법이다. 당신이 2개의 손톱을 똑같이 만든다는 것은 불가능하다. 만약 각각의 손톱에 똑같은 테크닉을 사용한다면 그것들을 비슷하게 만들 수는 있다.

호일은 얇은 셀로판 바킹 위에 있다. 그래서 특별한 유액의 접착제를 원하는 부위에 바르고 접착제가 마른후에 호일을 벗겨낸다.

다음은 호일을 어떻게 사용하는지 설명해준다.

준비물

원하는 컬러의 호일, 접착제, 작은 가위, 오렌지 우드 스틱

방 법

· 접착제를 디자인할 부위에 바른다.
· 접착제가 투명하게 될 때까지 말린다.
· 손톱 크기의 호일을 자르고 부드럽게 접착제 위에 누르고 떼어낸다. 호일의 컬러가 손톱에 입혀진다.
· 만약에 다른 컬러를 더하길 원한다면 같은 부분에 눌러서 색상들이 섞이게도 할 수 있다.
· 탑코트로 디자인을 보호한다.

1

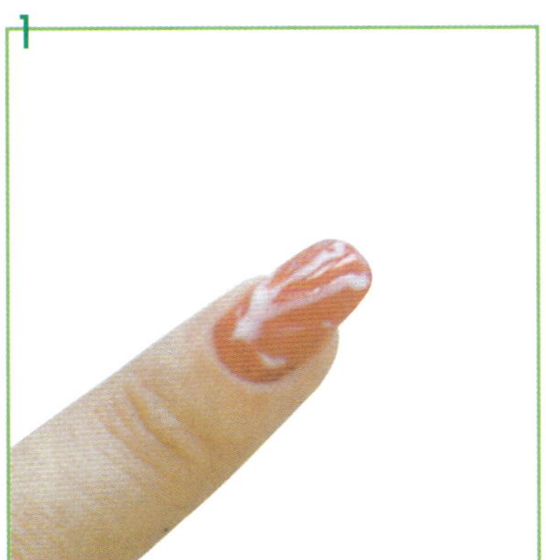

2

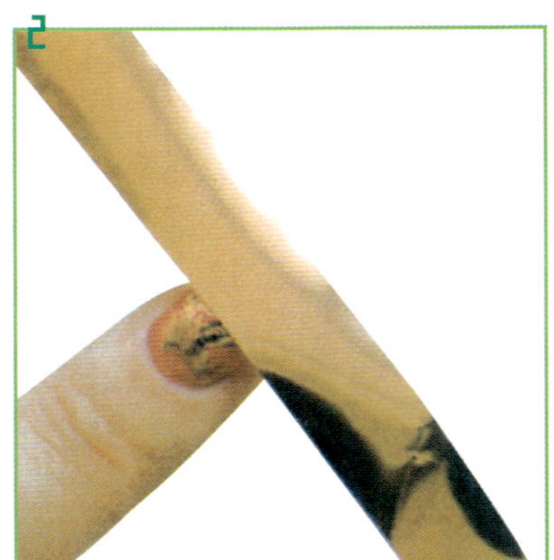

3

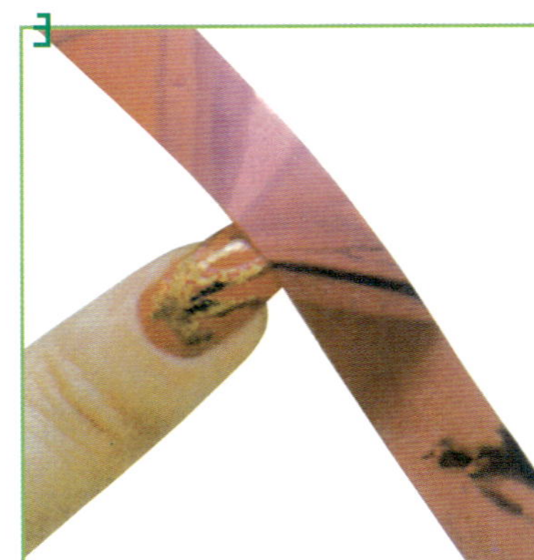

8. 구슬 아트(Bullion beads)

구슬들은 많은 컬러로 이용할 수 있고 그중 골드와 실버 구슬들이 가장 인기가 있다. 이것은 손톱 전체나 부분적으로 커버할 수 있고, 구슬 하나 하나 낱개르 사용할 수도 있다.

준비물

여러 가지 컬러의 구슬, 탑코트, 오렌지우드 스틱

방 법

· 구슬들을 원하는 부위에 탑코트를 바른다.
· 손톱에 구슬들을 떨어뜨려서 폴리쉬 위에 들러붙도륵 한다. 디자인의 엣지 부분을 오렌지우드 스틱으로 정렬한다. 만약 작은 부분으로 포인트를 주고자 한다면 스톤을 붙이는 것처럼 사용한다.
· 다른 부분에 탑코트를 바르고 다시 떨어뜨린다.
· 디자인이 마무리 될 때까지 계속한다.
· 디자인을 탑코트로 두 번 바른다.
· 섬세한 패턴은 오렌지우드 스틱을 사용한다.

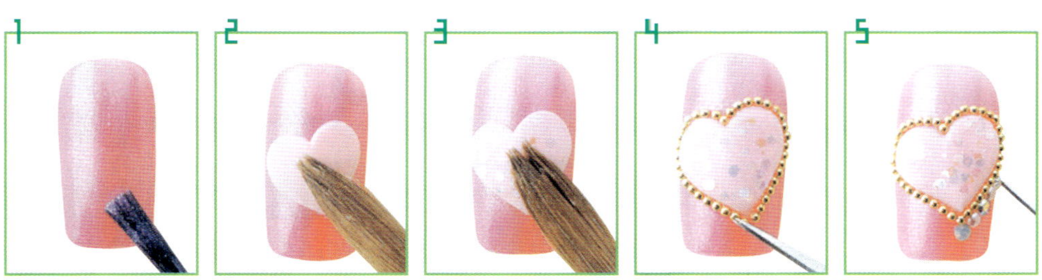

Tip

주의점

· 컬러 위에 탑코트는 디자인을 만들기 전에 말린다. 그렇지 않으면 컬러가 번진다. 구슬들은 오렌지우드 스틱으로 정렬해야 디자인이 깔끔하다.
· 적어도 두번의 탑코트를 사용해서 구슬들을 손톱에 붙이도록 한다.

9. 레이스 디자인(Lace designs)

레이스는 손톱 장식의 훌륭한 악세사리이며 컬러링된 폴리쉬 위에 탑코트를 사용해서 붙일 수 있다. 이것은 부분적이거나 손톱 전체에 커버할 수 있고, 다른 아트 재료와 함께 쓰일 수 있다. 주로 작은 패턴의 얇고 섬세한 레이스가 가장 많이 쓰인다.

준비물

레이스 또는 망사, 탑코트, 오렌지우드 스틱, 작은 가위

방 법

· 적당한 크기의 레이스를 자른다.
· 레이스가 붙을 자리를 탑코트로 바르고 끈끈해질 때까지 약간 말린다.
· 탑코트 위에 레이스를 놓고 오렌지우드 스틱으로 눌러 붙인다.
· 레이스를 눌러 붙인 후에 테두리를 자른다. 그것들이 손톱에 매달리거나 큐티클 근처를 덮지 않도록 한다.
· 여러 번의 탑코트를 바른다. 이것은 레이스의 모양을 좋게 하고 말랐을 때 표면을 부드럽게 한다.

1
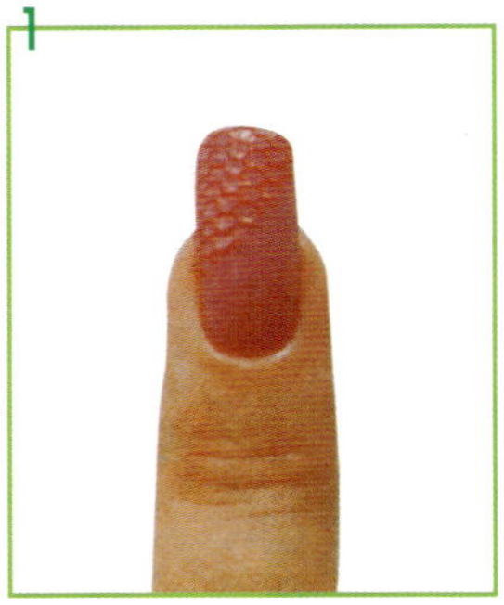

2
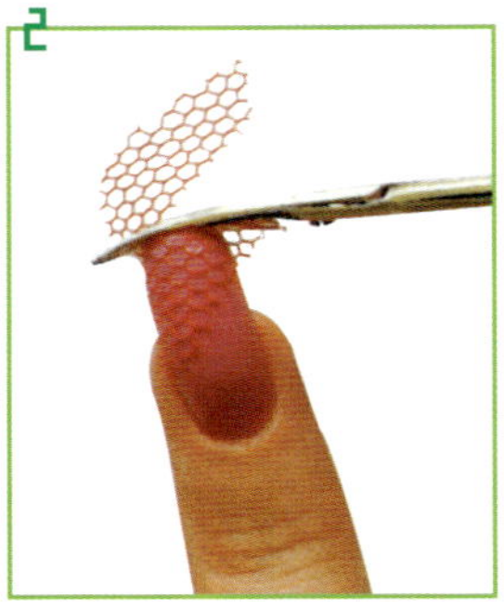

3
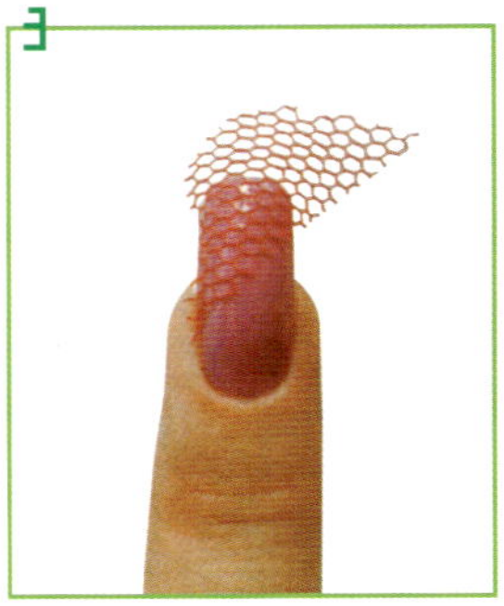

Tip

주의점

· 탑코트는 끈끈할 때까지 조금만 말린다. 이것은 레이스가 더 잘 붙게 만든다.
· 모든 테두리 부분들을 자른다.
· 레이스를 완전히 덮을 때까지 탑코트로 커버한다. 각각의 코트(coat)사이는 말린다.

10. 네일 챰, 댕글(Nail Charm, Dangle)

작은 핸드 드릴을 가지고 손톱의 프리엣지 부분을 뚫어서 챰이나 댕글로 고정시키는 것으로 손톱 장식의 정통이 아닌 모양이며 인조 손톱에 하기를 추천한다. 선택할 수 있는 많은 디자인들은 보통 금이나 금도금으로 되어 있으며, 그것들은 다이아몬드나 다른 보석들로 치장되어 있다.
참은 자연 손톱에도 사용할 수 있지만 랩핑된 손톱에서 더욱 강하다.

준비물

탑코트, 챰, 댕글, 핸드드릴, 핀셋

방 법

- 사용할 위치를 선택한다. 네일 베드에 너무 가깝지 않은 프리엣지 부분에만 사용한다. 만약 네일 베드 쪽으로 너무 가까이 시도한다면, 손가락의 아래쪽 면을 다치게 할 수도 있다. 또한 프리엣지 끝부분에 너무 가깝게 뚫는다면 초과된 무게로 손톱이 약해져서 더 쉽게 부러질 것이다.
- 고객의 손을 돌리기 어렵다면 뒤집어서 뒤쪽에서 드릴을 사용한다 프리엣지 부분에 구멍이 생길 때까지 힘주면서 돌린다. 정확한 위치에 구멍이 뚫렸는지 체크한다.
- 핀셋으로 참을 들어서 구멍 속에 위치시키고 원하는 위치로 돌린다.
- 볼트를 시계방향으로 단단히 고정시킨다.
- 일단 챰이 제대로 위치하고 고정되면 손톱의 뒤쪽 면에 탑코트를 발라서 나사가 풀리지 않도록 한다
- 머리카락이나 옷을 긁지 않도록 탑코트를 완성된 챰 디자인 위에도 사용한다. 댕글도 같은 방법을 사용한다.

Tip

주의점

- 폴리쉬를 바르고 완전히 말리는 것보다 드릴로 구멍을 먼저 뚫고 바르는 것이 쉽다. 손톱에 압박을 주거나 깨질 위험이 없는 위치에 챰을 고정시킨다.
- 똑바로 구멍을 뚫는다. 그렇지 않으면 챰이 손톱 위에 편평하게 놓이지 않는다.
- 챰을 달기 전에 폴리쉬를 완전히 말린다.
- 볼트가 돌아가는 것을 막기 위해서 챰의 뒤쪽 부분에 탑코트를 칠한다.

유지법

- **한주가 지난 후**

  리무버를 묻힌 솜을 손톱 뒷 부분에 대고 볼트 주위의 폴리쉬를 녹여낸다. 이것이 느슨해지면 렌치를 사용해서 볼트를 제거한다. 챰에서 폴리쉬가 깨끗하게 제거되면 폴리쉬 컬러를 바꾸고 말린다. 같은 구멍 위치에 같은 방법으로 챰을 사용한다.
- **한달이 지난 후**

  손톱이 몇주 동안 자란 후에는 챰은 다른 위치 또는 다른 손톱으로 옮겨질 필요가 있다. 그래서 기존의 구멍은 채워져야 하고 새로운 것을 만들어야 한다. 구멍을 채우기 위해서 기존에 손톱에 했던 같은 종류의 랩시술을 하고 구멍의 뒷편은 글루로 커버한다. 만약 랩이 없다면 구멍속에 약간의 솜을 집어 넣고 글루로 채운다. 네일 안쪽 사이드의 여분의 솜을 잘라내고 부드럽게 버프한다.

11. 인조 가죽 디자인(Snakeskin and leather designs)

손톱에 장식하는 가죽은 얇아야 가장 멋진 모양을 만들 수 있다. 여러 가지 패턴으로 자를 수도 있고, 또는 완전히 커버해서 하나의 디자인으로서도 시술한다. 글루나 탑코트를 접착제처럼 사용하며, 당신은 인조가죽을 아트, 공예점 등에서 쉽게 구입할 수 있다.

준비물

여러가지의 가죽, 탑코트, 작은 가위, 오렌지 우드 스틱

방 법

- 원하는 모양으로 자른다.
- 가죽이 붙을 자리에 탑코트를 바른다. 너무 많이 바르면 가죽 밑으로 번져 나갈 것이다. 핀셋으로 집어 올려서 손톱 위에 위치시킨다.
- 손톱 쪽으로 누르고 오렌지우드 스틱으로 부드럽게 편다.
- 여분을 가위로 정리해서 손톱의 테두리에 매달리거나 큐티클 부분에 닿지 않도록 한다.
- 라인 테이프, 스톤 또는 당신이 생각하는 더 멋진 아이템으로 디자인을 완성한다. 스톤을 시술한다면 마지막 탑코트를 시술하기 바로 전까지 기다린다. 이것은 스톤이 탑코트에 너무 깊이 잠겨서 빛을 잃게 되는 것을 막아줄 것이다.
- 전체 손톱을 탑코트로 2~3번 바르고 각각 바르는 사이에 꼭 말린다.

12. 3-D 네일 아트(Three-Dimensional Nail Art)

스컵쳐 네일에 쓰이는 똑같은 아크릴릭을 사용해서 만든다. 그것들은 네일폼 위에서 만들어지기 때문에 평평하지 않고 손톱에 잘 맞도록 커브져 있다.

스컵쳐는 당신이 생각할 수 있는 어떤 것이라도 할수 있다. 크리스마스를 위한 디자인 또는 발렌타인데이의 하트 디자인 등등. 디자인을 네일 폼으로부터 떼어낸 다음에는 아크릴릭 페인트로 장식을 더할 수도 있다.

시간을 절약하기 위해서는 몇 가지 인기 있는 디자인이나 시즌 별 장식 등을 만들어서 늘 유지할 필요가 있다.

준비물

아크릴릭 파우더, 작은 브러쉬, 금속성의 네일 폼, 화일과 버퍼 또는 드릴, 글루, 오렌지 우드 스틱, 아크릴릭 페인트, 핀셋

1

2

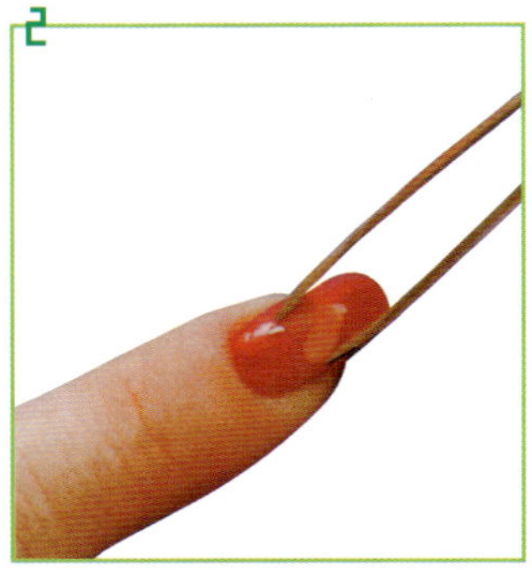

3

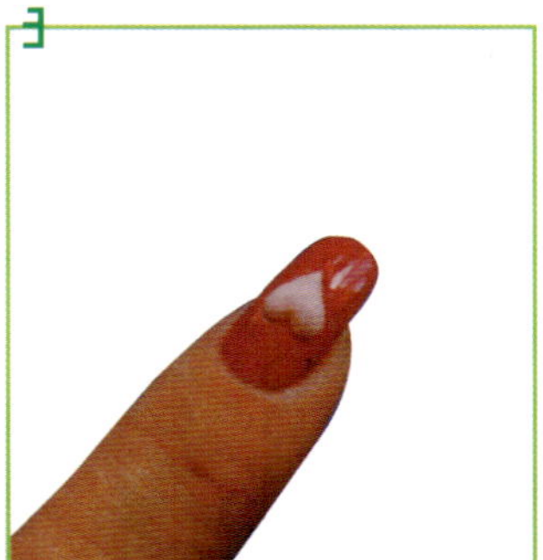

4

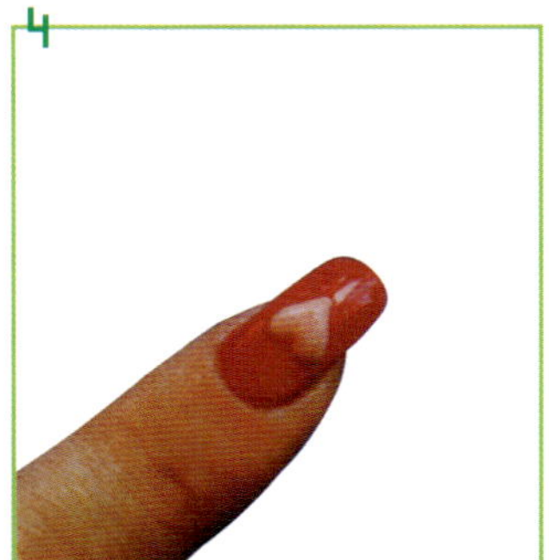

방 법

- 고객의 손톱의 모양에 맞도록 네일폼을 만든다. 만약에 새끼손가락에 디자인을 만든다면 엄지나 약지에 비해 좀더 커브가 있다는 것을 기억하라.
- 당신과 마주 보이도록 네일 폼을 놓는다. 브러쉬로 아크릴릭이 작은 볼이 만들어 지도록 한다. 아크릴릭 볼은 쉽게 굳으므로 빨리 모양을 만들도록 한다. 만약에 아크릴릭이 너무 빨리 마른다면 브러쉬를 매우 가볍게 리퀴드에 담가서 볼 위를 촉촉하게 한다.
- 오렌지우드 스틱을 가지고 홈을 파거나 테두리를 다듬는다.
- 아크릴릭을 완전히 마르게 한다. 그것을 가볍게 두드렸을 때 청명한 소리가 나면 마른 것이다.
- 화일이나 드릴로 모양을 마무리한다.
- 만든 모양이 손톱에 맞는지 대본다. 만약에 손톱에 적절히 맞지 않는다면 뒷부분을 평평하게 하거나 좀더 커브를 준다.
- 스컵쳐가 붙을 자리에 작은 양의 글루를 바른다.
- 글루가 발라진 부분에 족집게를 사용해서 놓는다.
- 오렌지우드 스틱으로 눌러 붙인다. 너무 세게 힘을 주면 글루가 스컵쳐 밑으로 빠져 나와서 손톱에 완전히 붙지 않고 폴리쉬 바른 위로 글루 자국을 남긴다.
- 당신이 원하는 컬러 아크릴릭 물감으로 채색한다.
- 디자인이 마른 후에는 전체 손톱을 탑코트를 발라 윤이 나고 보호되도록 한다.

Tip

주의점

- 일회용 네일 폼보다는 재활용 가능한 금속 폼이 모양을 잡기 좋다.
- 폼은 가능한한 스컵쳐가 붙어질 손톱의 모양에 가깝도록 하서 가능한 한 손톱에 잘 맞도록 한다.
- 손톱에 글루로 붙이기 전에 스컵쳐의 테두리를 화일이나 버퍼로 다듬는다.
- 손톱에 너무 많이 글루를 바르지 않는다.
- 네일 폴리쉬는 글루로 스컵쳐를 손톱에 붙이기 전에 말린다.

13. 컨페티 디자인(Confetti Decoration)

컨페티는 작은 스트라이프 호일 조각이고, 많은 컬러로 이용할 수 있다. 이것은 단독으로 쓰이거나 다른 아트 재료와 함께 완벽한 하나의 디자인으로도 쓰인다.

준비물

컨페티, 탑코트, 오렌지우드 스틱 또는 핀셋, 폴리쉬 리무버

방 법

· 컨페티가 붙을 자리에 탑코트를 바르고, 마르기 전에 다음 단계를 계속한다.
· 오렌지우드 스틱 밑부분에 작은 양의 탑코트를 발라서 coffetti를 시술할 수도 있다. 당신이 작업하기 쉬운 쪽을 선택하라.
· 탑코트를 바른 부위는 컨페티가 달라붙는다. 그것을 덩어리로 사용할 수도 있고 낱개로 시술할 수도 있다.
· 폴리쉬 리무버로 오렌지우드 스틱의 끝부분을 깨끗이 한다.
· 오렌지우드 스틱의 납작한 면을 사용해서 부드럽게 손톱 쪽으로 눌러 붙인다.
· 탑코트를 두번 발라서 마무리한다.

Tip

주의점

· 디자인을 시작하기 전에 폴리쉬를 말린다. 그렇지 않으면 컨페티가 폴리쉬 속으로 들어가서 지저분하게 된다.
· 오렌지우드 스틱에 탑코트가 쌓이면 컨페티는 떨어지지 않고 손톱에 들러붙지 않는다.
· 탑코트는 컨페티가 들러붙을 만큼 충분히 젖어 있어야 한다.
· 모든 컨페티가 솟아 있지 않도록 잘 눌러 붙인다.

14. 데칼(Decals)

가장 대중적인 네일 아트 중 하나는 데칼이다. 꽃에서 기하학적인 디자인에 이르기까지 데칼은 대단히 다양한 디자인을 이용할 수 있으며 시술하기가 아주 쉽다. 데칼의 종류는 뒷면에 접착력이 있는 것과 물에 담가서 건져낸 후 시술하는 타입이 있다.

모든 경우에 족집게를 사용하는 것이 정확히 디자인에 놓는데 도움을 줄수 있다.

방 법

· 손톱 표면에 부스러기나 먼지가 없도록 깨끗이 한다.

· 원하는 디자인을 오려서 물에 담가 놓는다.

· 30~60초간 기다린다. 그런 다음 부드럽게 손톱으로 직접 미끄려 원하는 위치에 가볍게 놓는다.

· 오렌지우드 스틱으로 한쪽 끝을 고정시키고 재빨리 뒷면 종이를 빼 낸다.

· 물기를 페이퍼 타월로 흡수시킨다.

· 탑코트를 디자인을 고정시키기 위해 바른다.

Tip

주의점

· 표면 아래에 거품이 없도록 한다. 이것은 들뜨는 원인을 가중시킨다.

· 일반적인 탑코트보다 더욱 농도가 짙은 실러를 보호를 위해 바른다.

· 폴리쉬가 완전히 마른 상태에서 데칼을 얹어 놓는다. 그렇지 않으면 쉽게 상처를 내고 표면을 망친다.

· 데칼을 너무 오래 물에 담그면 손톱 위에 시술하기 전에 흩어져버릴 수도 있다.

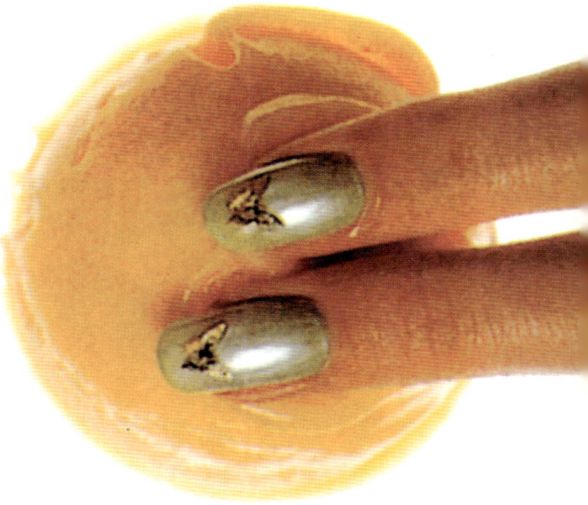

15. 마블링 아트(Marbling Art)

마블링은 두가지 이상의 물감을 섞어 대리석과 같은 느낌을 주는 매우 흥미로운 기법이며, 물감을 혼합하는 방식에 따라서 상상할 수도 없는 다양한 디자인이 완성된다.

준비물

두 가지 이상의 폴리쉬, 오렌지우드 스틱, 탑코트

방 법

· 손톱의 베이스가 되는 폴리쉬를 바른다.

· 보조 색상의 폴리쉬들을 적당한 위치에 한 방울씩 떨어뜨린다.

· 오렌지우드 스틱으로 이용해서 물감들을 섞어 준다.

· 폴리쉬가 마른 후 탑코트를 바른다.

Tip

주의점

· 폴리쉬가 굳기 전에 빨리 오렌지 우드 스틱으로 섞어 준다.

· 너무 많이 휘저으면 좋은 디자인이 되지 않는다.

16. 프리핸드 페인팅(Freehand Painting)

핸드 페인팅으로 아이디어를 낼 수 있는 테마는 무궁무진하다. 크리스마스를 위한 사탕 지팡이, 트리, 성탄절 가시나무, 발렌타인 데이의 하트, 결혼식이나 각종 기념일등의 특별한 이벤트도 핸드 페인팅의 중요한 테마이다. 직업도 또한 아이디어의 소재이다.

당신의 상상력에 따라 자신만의 디자인을 만들거나 고객의 원하는 디자인을 따를 수도 있다. 어떤 디자인도 시도하는 것을 겁내지 말고, 고객에게 시술하기 전에 네일 팁에 새로운 디자인을 연습하도록 한다.

프리핸드 페인팅은 전용 아트 브러쉬와 아크릴릭 물감을 사용하며, 어떤 종류의 아크릴릭 물감이라도 손톱 위에 디자인 할 수 있다. 아크릴릭 페인트는 물이 베이스로 사용되고 쓰기 쉽다. 당신은 간단한 꽃이나 환상적인 바닷가 장면(해변가,야자수)등을 창작할 수도 있다. 먼저 단순한 디자인을 시도해 본 다음에 좀더 복잡한 디자인으로 진행하도록 한다. 디자인의 색상은 바탕색과 비슷한 톤을 사용하면 더욱 부드럽고 섬세한 느낌을 준다. 대비되는 컬러와 너무나 밝은 톤은 시술하면 실수한 점을 강조할 수도 있으니 주의한다.

모든 아티스트는 그들 자신의 테크닉을 가지고 있기에 단약 당신이 베낀 작품이라도 그것과 똑같을 수는 없다. 당신의 개인적인 감성이 당신의 스타일이다.

준비물

아크릴릭 페인트, 물컵, 아트 브러쉬, 페이퍼 타월, 파레트, 오렌지 우드 스틱, 탑코트

방 법

· 오렌지우드 스틱을 사용해서 작은 양의 컬러를 파레트에 놓는다.
· 브러쉬를 물에 잠깐 담가서 촉촉히 젖게 한다.
· 페인트에 브러쉬를 담근다.
· 작은 세필은 도트나 섬세한 모양에, 스트라이핑(striping) 브러쉬는 선을 그리고 작거나 중간 사이즈의 브러쉬는 배경을 페인팅 할 때 사용한다.
· 탑코트를 바르기 전에 완전히 페인트를 말린다. 브러쉬에 탑코트의 양이 충분치 않다면 페인팅를 망치고 손톱을 커버하는 대신에 얼룩지게 한다.
· 프리핸드 디자인과 다른 아트 재료를 곁들이면 더욱 재미있는 디자인으로 완성된다.

16... 에어브러쉬

1. 에어브러쉬 디자인

2. 에어브러쉬 건 사용방법

3. 에어브러쉬 일반 필수 도구

4. 에어브러쉬 페인트

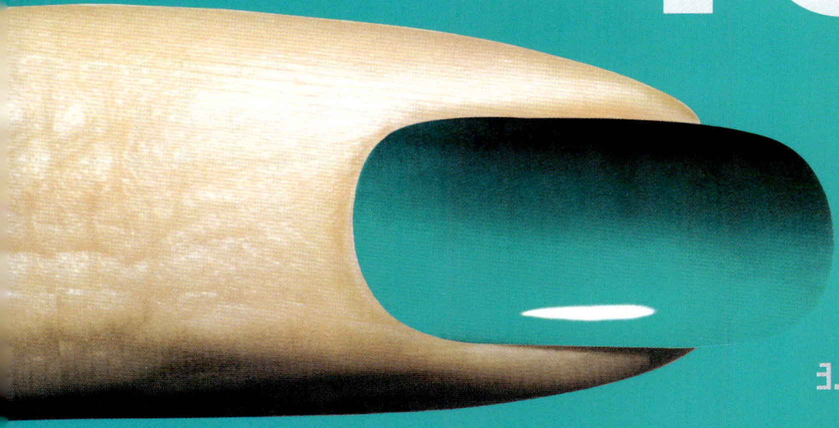

16장 에어브러쉬

1. 에어브러쉬 디자인

에어브러쉬는 압축 공기를 만드는 컴프레셔와 물감을 뿜어내는 건(gun)으로 구성되며, 스텐실을 이용한 테크닉은 붓으로 그린 것보다 좀더 섬세하고 정교한 디자인을 가능하게 한다.

에어브러쉬의 기본적인 동작방식은 당김쇠로 조절한다. 당김쇠를 누르면 에어가 뿜어져 나오고 당김쇠를 당기면 물감이 나온다. 당김쇠는 물감이 뿜어 나오는 힘과 면적을 조정하는 역할을 한다. 보통 페인트를 적게 쓸수록 좋은 작품이 나온다.

다른 색상으로 바꿀 때마다 건을 청소해서 사용하며, 색상은 엷은 색에서부터 짙은색으로 순서를 지키는 것이 요령이다. 다 쓰고 보관할 때는 반드시 건청소를 깨끗이 해서 보관하도록 한다.

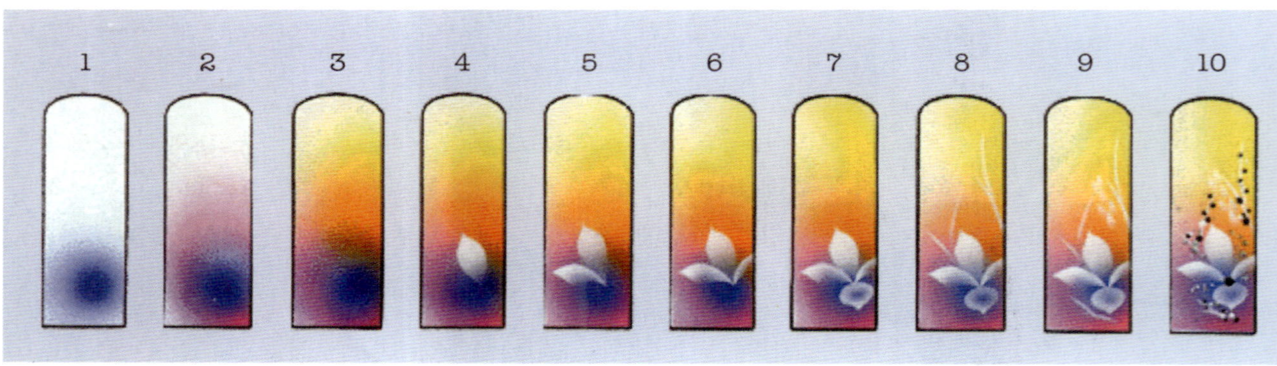

1

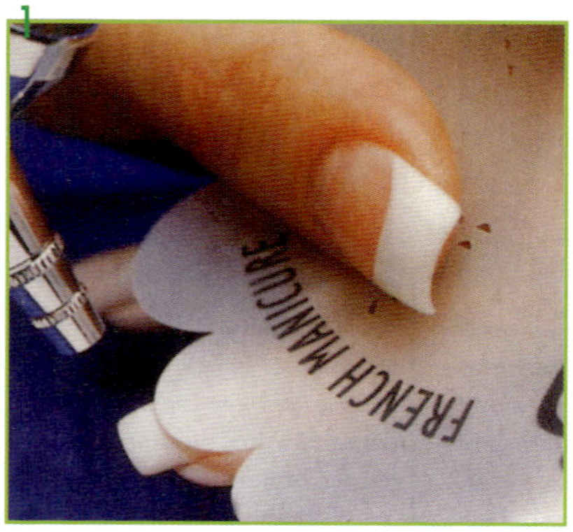

2

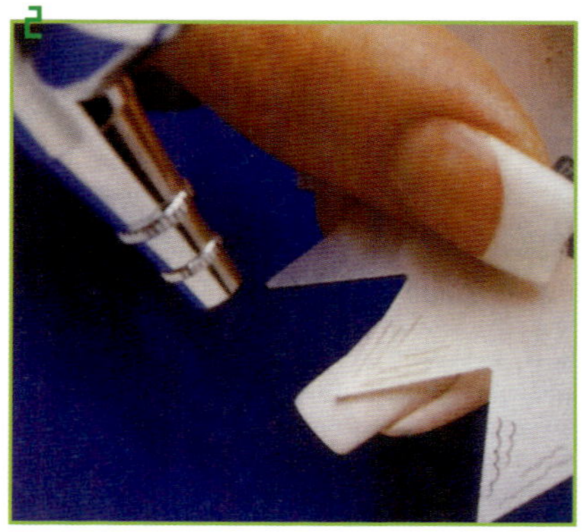

3

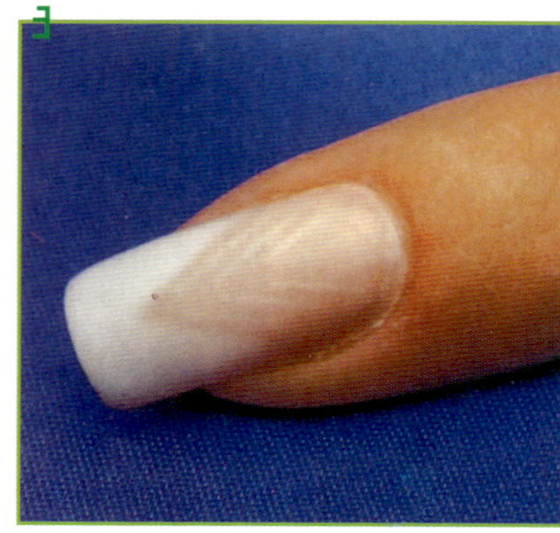

2. 에어브러쉬 건 사용방법

에어브러쉬 건(Airbrush Gun)은 중앙 부분의 몸통을 제외하고는 모두 13가지로 분류 된다. 하나의 부품마다 부품으로서의 기능을 이해하고, 충분한 사전 지식을 완전히 습득 한다면, 누구나 에어브러쉬건 사용에 있어서는 전문인이 될수 있다.

각 부속품의 용도와 기능, 문제점 및 해결책에 대해 알아보자.

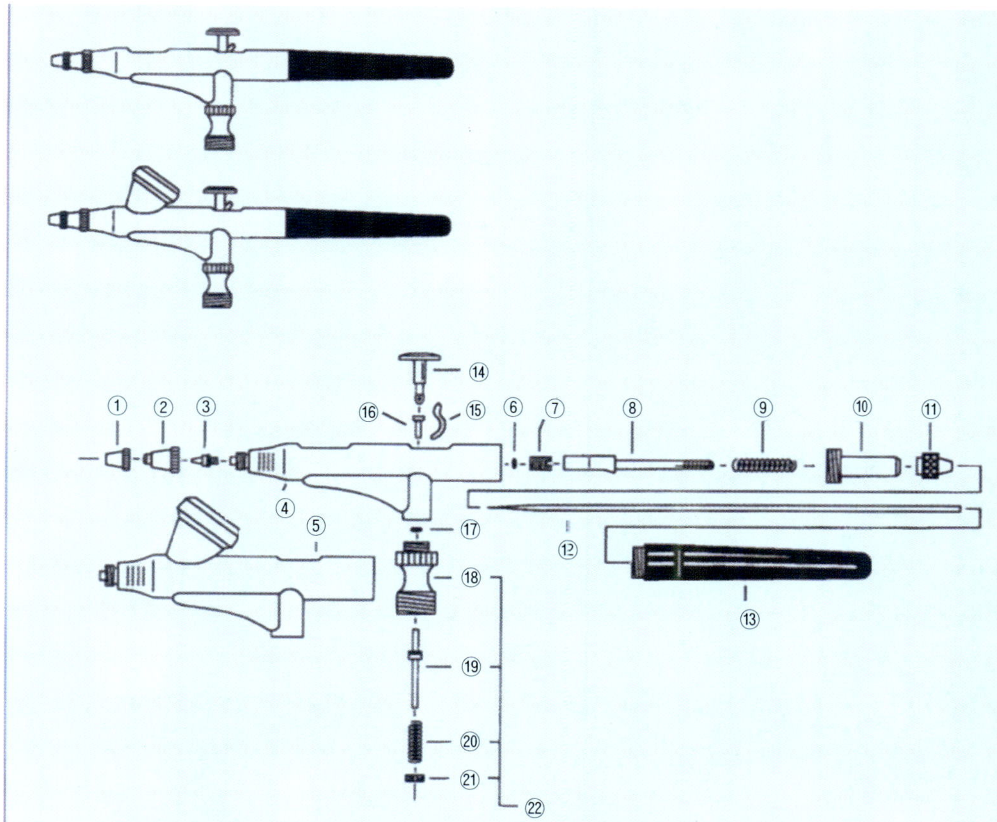

① Needle Cap
Crown Cap
② Nozzle Cap 0.2mm
Nozzle Cap 0.3mm
③ Fluid Nozzle 0.2mm
Fluid Nozzle 0.3mm
④ Body Hp - 100 A
⑤ Body Hp - 100 B
⑥ Fluid Needle "O" Ring
⑦ Needle "O" Ring Screw
⑧ Needle Chucking Guide
⑨ Needle Spring
⑩ Spring Guide
⑪ Needle Chucking Unit
⑫ Fluid Needle 0.2mm
Fluid Needle 0.3mm
⑬ Handle
⑭ Main Lever
⑮ Auxiliary Lever
⑯ Air Piston
⑰ Air Piston "O" Ring
⑱ Air Valve Body
⑲ Air Valve
⑳ Air Valve Spring
㉑ Air Valve Guide
㉒ Air Valve Set

1) 플루이드 노즐(Fluid Nozzle)

- 노즐이 꽉 조여지지 않았을 때는 분사가 단선으로 되며, 노즐 구멍이 약간이라도 구부러지거나 찌그러졌을 때 또는 구멍이 넓어졌을 때는 분사가 쉽지 않고 에어(Air)가 잘 나오지 않는다.
- 자주 바늘로 노즐을 거세게 밀어내면 노즐이 찢어지거나 구멍이 넓어지므로 아주 조심스럽게 취급해야 한다.
- 노즐 캡과 출구가 어긋나면 노즐 구멍을 막아버리는 현상이 일어나서 에어 컵(Air Cup)으로 올라오게 되며 페인트 컵에 거품이 생기게 된다.
- 대부분 에어와 페인트가 노즐로 함께 나오는 것으로 알고 있으나, 노즐은 에어가 아닌 페인트만 나오는 것을 상기하도록 한다.

2) 플루이드 니들(Fluid Needle)

① 바늘의 중요성

돌출된 바늘 끝단이 노즐 앞에서 나왔을 때 길면 길수록 정밀하게 분사되며 바늘의 돌출이 짧으면 분사 기능이 떨어진다.

② 바늘의 역할과 주의사항

- 페인트가 노즐로 나오게끔 개폐하는 역할을 한다.
- 분사 시 정확하고 세밀하게 뿌릴 수 있도록 페인트의 길 역할을 한다.
- 바늘 끝단에 조그만 찌꺼기가 페인트는 분사되지 않는다(컵 부분에 거품이 생기기도 함).
- 바늘 끝단 부위 코팅을 샌딩 블럭이나 파일로 갈아내게 되면 코팅이 벗겨져 바늘의 기능이 손상되니 될수 있는 한 바늘 끝단은 마모 없이 펴주는 것이 좋다(플라스틱 판에 플라스틱 제품으로 두드려서 펴면 효과적이며, 금속공구 등을 사용하면 바늘이 손상됨을 주의해야 한다).

3) 니들 캡(Needle Cap)

① 니들캡의 기능

- 페인트 분사시 번지는 것을 방지한다.
- 정확한 위치에 쉽게 분사할 수 있도록 해준다.
- 바늘 끝의 손상을 막아준다.
- 건(gun) 사용시 신체의 작은 상처 등을 미연에 방지해 준다.

② 니들캡의 청소

항상 니들캡의 안쪽을 자주 닦아준다. 왜냐하면 페인트 찌꺼기가 내부 주위에 둘러싸여 정확한 분사 작업을 할수 없기 때문이다.

③ 니들캡 청소시 주의사항

내부 청소시 오렌지우드 스틱을 페이퍼 타월을 감아 리무버에 담가 닦으면 아주 깨끗이 할 수 있다. 그러나 쇠막대기 등으로 닦으면 표면의 금속 코팅이 벗겨지므로 페인트가 자주 묻고 청소하는데 곤란을 준다.

4) 노즐 캡(Nozzle Cap)

① 노즐캡의 기능

노즐을 보호함과 동시에 노즐과 노즐캡의 앞부분이 아주 정확한 구조로 연결되어 있어서 에어를 방출시킴과 동시에 페인트를 끌어내는 역할을 한다.

② 주의사항

노즐캡 구멍이 약간이라도 벌어지거나 스프레이 몸통 앞부분이 꼭 잠기지 않으면 페인트 분사가 되지 않을 뿐더러 페인트 덩어리가 분사되기도 한다.

5) 파킹 플루이드 니들(Packing Fluid Needle)

① 역 할

바늘은 메인 레버의 작동으로 인해 항상 앞뒤로 전진, 후진 운동을 한다. 이때 페인트가 바늘의 전진, 후진운동으로 인해 에어밸브로 끌려 들어가게 되는데 이때 고무파킹이 뒤로 오는 물감을 차단시키는 역할을 한다.

② 파손 원인

페인트 청소를 깨끗이 해주지 않았을 때와 페인트를 닦아내느라고 리무버에 담가 두었을 때 고무 바킹이 부식되어 가루로 변하거나 모양이 변질되어 성능이 완전히 상실 된다. 이렇게 되면 바늘이 전후 왕복운동을 할때 에어 밸브 피스톤으로 페인트가 흘러 들어가 모든 부속의 작동 상실을 가져오게 된다.

이 제품이 손상되면 건은 약 70%가 사용이 불가능하게 된다. 물론 수리 및 부품 교환은 할 수 있지만 수리 비용이 건의 절반 값을 차지할 만큼 큰 비중을 차지한다.
절대로 고무성분이 들어있는 곳에는 리무버 사용을 금하도록 한다.

③ 파손 상태

바늘을 노즐 끝단까지 넣었을 때 약간 빡빡하지 않고 헐렁하다고 느낄 때와 메인 레버에 손을 놓았을 시 에어의 멈춤이 늦을 때는 파손된 것이다.

6) 니들 파킹 스크류(Needle Packing Screw)

① 역 할

파킹 플루이드 니들을 지탱해주는 부품이다. 녹이 슬지 않도록 하기 위해 알루미늄 성분으로 만들어졌고, 바디에서 분리가 안되므로 파손시 수리가 불가능하다.

7) 메인 레버(Main Lever)

① 역 할

에어의 속도와 바늘의 움직임, 페인트 분사및 양을 조절한다.

② 사용방법

메인 레버는 약 3~4일에 한번씩 기름에 담궈두는 것이 오래 사용할 수 있는 방법이다. 메인레버 밑쪽에는 코팅 성분이 아주 약하게 되어 있어서 부식이 잘된다. 부식되면 바늘의 전후 운동이 부드럽지가 못해서 손가락으로 에어속도를 잡을 수가 없게 된다. 또한 메인 레버 밑쪽에 형성되어 있는 기동틀에 날개가 부식으로 인해서 손상되는 경우가 생긴다.

8) 엑서리 레버(Auxiliary Lever)

① 역 할

메인 레버와 니들 처킹 가이드 사이에서 전후 왕복 운동을 할 수 있도록 윤활유 역할을 하는 부품이다. 니들 체크 가이드가 스프링 힘에 의해 앞으로 밀려들 때 들어오는 것을 막아주는 방패 역할도 한다. 스프링의 힘이 니들 처킹 가이드에 전달되어 이 전달이 엑서리 레버를 밀어줌으로써 메인 레버가 힘을 받게 된다.

② 주의사항

이 부속은 앞뒤가 구분되어 있으므로 조립할 때 앞뒤가 뒤집어지지 않게 해야 된다.

9) 니들 처킹 가이드(Needle Chucking Guide)

① 역 할

바늘의 운동을 보호해주는 통로이다. 또한 스프링의 힘을 받아 앞부분의 모든 부속 작동에 힘을 주는 역할을 함과 동시에 바늘의 전후 작동이 원활하도록 보조하는 기구이다. 특히 몸통에 홈줄이 파여져 있는데 이것은 에어 브러쉬 건 몸통 밖의 작은 나사를 통해 들어갈 수 있도록 만들어져 있다. 흠줄을 파놓은 이유는 니들 체크 너트로 바늘을 홀딩시 니들 처킹 가이드가 헛돌지 않도록 하기 위해 파놓은 것이다. 만일 이 홈을 파놓지 않았다면 바늘을 니들 처킹 가이드를 의지하여 처킹 너트를 잠그기 위해 조절을 해도 전체가 헛바퀴 돔으로 바늘의 조작기능이 상실하게 된다.

10) 니들 스프링(Needle Spring)

① 역 할

스프링이 만일 없다고 하면 모든 부품은 힘을 잃어 버리고 만다.

이 부속은 스프링 가이드의 장착으로 인해 힘이 생기고 그 힘이 악세리 레버, 메인 레버, 니들, 니들 처킹 가이드의 4가지 부품에 힘을 전달해 주는 것이다.

(참 고)

이 스프링이 분실되거나 손상되면 볼펜 스프링으로 대치해도 전혀 상관이 없다.

11) 스프링 가이드(Spring Guide)

① 역 할

스프링을 밀어서 힘을 받게 해주는 역할을 한다. 또한 니들 처킹 가이드 및 니들의 흔들림을 완전 고정시켜 주는 틀 역할을 하는 부속이기도 하다.

12) 밸브 피스톤(Valve Piston)

① 역 할

에어의 개폐운동 부품이다.

② 문제점

이 부품의 주위에는 고무 바킹이 감싸고 있는데 고무 바킹이 삭아 버렸거나 물감이 베어 들어감으로 그 주위가 불순물에 의해 오염되어 원활한 기능을 할수 없게 된다. 이때 메인 레버 작동시 피스톤이 부정확하게 운동을 하게 되어 에어의 정지 및 개폐가 불규칙해지거나 전혀 작동되지 않는다. 또한 리무버 사용이 주원인이 되어 문제가 발생된다. 피스톤 주위에 부착되어 있는 고무 바킹이 리무버로 인해 삭아버리면 에어 방출도 심화되고 건의 모든 작동이 원활하지 못할 뿐만 아니라 에어 조정도 불규칙해 진다.

13) 파킹 밸브 피스톤(Packing Valve Piston)

① 역 할

밸브 피스톤 주위를 감싸고 있는 고무 바킹이며, 에어가 외부로 빠지지 않고 에어 라인으로 나가도록 유도하는 부속이다.

14) 니들 체킹 너트(Needle Chucking Nut)

① 역 할

바늘을 고정시켜서 메인 레버 작동시 전후 좌우 자유자재로 움직일 수 있도록 하는 작은 부품이다. 이 부품이 없으면 바늘의 개폐기능을 상실하게 된다.

3. 에어 브러쉬 일반 필수 도구

· 물통 – 페인트 세척시 사용
· 스프레이 건 청소용 브러쉬 – 건 페인트 컵 청소시 사용
· 스텐실 청소 브러쉬 – 스텐실 표면에 페인트 제거시 리무버 사용
· 사각 알류미늄 컨테이너 – 종합적인 물통을 받치는것 및 건 청소 스프레이용
· 리무버 바틀 – 건 부품 청소 및 리무버를 사용할 수 있는 도구
· 오렌지 우드 스틱 – 건 부품 청소 및 페인트 혼합시 사용
· 트위져 (Tweezer) – 리무버에 담근 건 부속품을 집거나 닦을 때 사용
· 건 홀더(Gun Holder) – 에어브러쉬 건을 놓아 두는 곳
· 건 – 디자인을 활용하는 도구
· 호스 – 건과 컴프레샤를 연결하는 공기 호스
· 컴프레샤 – 에어를 생산하는 발전기구
· 헤어 드라이어 – 물감 및 디자인을 빨리 건조시키면서 습기 제거용으로 사용
· 윈덱스(Windex) – 손톱 주위 표면 세척으로 사용, 건 청소용으로는 사용 금함.
· 페이퍼 타월 – 물감 청소용 및 손톱 표면의 물감 제거용으로 사용
· 스프레이 건 청소 브러쉬 – 건 내부를 세밀히 세척하는 기구 세트
· 작업대(핑거 레스트) – 인조 손톱을 올려놓고 작업하는 필수기구

4. 에어브러쉬 페인트(Airbrush Paint)

에어브러쉬 페인트는 다양한 종류가 있으며 사용 용도에 따라 장단점이 있다.

아티스트들이 선호하는 타입은 재질이 아크릴 고무질로 응고되면 부착성이 좋고, 견고한 성질을 지니고 있어 플라스틱이나 아크릴 표면에 접착된 페인트가 오래가는 것이 특징이다.

페인트의 컬러는 대개 70에서 140여가지 정도이며 투명, 펄, 형광, 불투명 등 4가지 종류로 분류된다. 이색상의 성질은 Design작업에 따라 각각 다르게 쓰이므로 이들 각각의 성질을 알아야 한다.

1) 투명 색상(Transparent Color)

이 색상은 투명 성질을 지니고 있어서 색상과 색상이 겹칠 때 또는 하나의 색상을 나타내는 교합 색깔이라 할수 있다. 주로 평면 구성 및 색상 배합을 목적으로 하는 디자인 작업시 주로 사용되는 색상이기도 하다.

2) 펄 색상(Pearl Color)

이 색상은 반짝이는 성분이 들어있는 특수 색이며, 페인트 안에 작은 알갱이가 들어 있어 건을 사용할 때 순조롭게 분사되지 않는 것이 특징인데 메인 레버를 잘 조절하면서 사용하면 무난히 사용할 수 있다.

3) 형광 색상(Flourescent Color)

형광 색(flourescent)은 2가지 방법으로 표현할 수 있다. 기존 색상끼리 배합시켜 또 한가지의 이색적인 색상을 표현할 수 있으며, White 색상을 표면에 뿌린후 그 표면 위에 원하는 형광색을 뿌려줌으로서 색상의 선명함을 원색 그대로 표현 할 수도 있다.

4) 불투명 색상(Opaque Color)

이 색상은 전형적인 파스텔 색상(pastel color)을 말한다. 즉 무광택이며, 표면이 잘 갈라지는 것이 단점이다. 특정한 사물을 표현할 때 자주 사용되는 색상 중 하나이며 혼자만의 특수성을 나타내는 성분이므로 서로 혼합하는 자체를 거부한다. 그래서 디자인을 서로 분리해 줄때 주로 사용된다.

참고문헌

월간 네일 프로(1999), 이경혜의 뉴욕실전 응용 네일 테크닉

이미선(2005). Nailart & Technic, (주)교학사

김영미 외(2003), 네일 스타일 북, 도서출판 예림

네일피아(2003), Funny Nail, 월간 비짜루

Elisa Ferri and Lisa Kenny(1998). Style on Hand, Universe Publishing

Elizabeth Anthony(1997). Airbrushing for NAILS, Milady Publishing Company

Fran Manos(1998). Beautiful Hands & Nails Naturally, Avery Publishing Group

Nailpro, the Magazine for Nail professionals, 2001–2007

NAIL MAX, the Best nail Magazine of the world, 2001–2007

Sheril Bailey(1998). Complete Manicuring and Nail Care Handbook, Andrews Mc meel Publishing

Tammy Bigan(1994). Nail Art & Design, Milady Publishing Company

木下美穂里(1999), ネイルテクニックをマスターする, 女性毛ード社

찾아보기

INDEX

NAIL ART 이론과 실습

2008년 3월 20일 초판인쇄
2008년 3월 30일 초판발행

지은이 : 송미영, 권태순
펴낸이 : 이상태
펴낸곳 : 청구문화사
주 소 : (120-831)서울특별시 서대문구 연희 1동 436-1번지
전 화 : 02-332-0541(代) FAX : 02-337-9577
등 록 : 1990년 11월 2일 제9-247호

가격 25,000원

ISBN 978-89-5616-246-1 93590